热带植物保护丛书

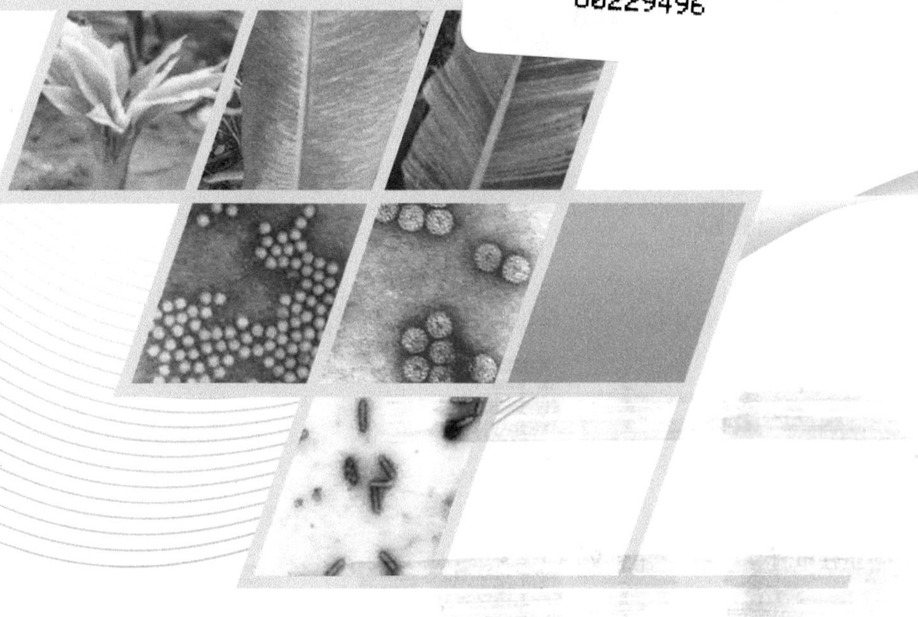

香蕉

主要病毒病及其病原特征

◎ 余乃通　主编

中国农业科学技术出版社

图书在版编目（CIP）数据

香蕉主要病毒病及其病原特征 / 余乃通主编 . -- 北京：中国农业科学技术出版社，2022.11

ISBN 978-7-5116-5986-6

Ⅰ . ①香…　Ⅱ . ①余…　Ⅲ . ①香蕉—病毒病—防治　Ⅳ . ① S436.68

中国版本图书馆 CIP 数据核字（2022）第 201494 号

责任编辑　史咏竹　曾莉娟
责任校对　马广洋
责任印制　姜义伟　王思文

出 版 者　中国农业科学技术出版社
　　　　　北京市中关村南大街 12 号　邮编：100081
电　　话　（010）82105169（编辑室）
　　　　　（010）82109702（发行部）
　　　　　（010）82109709（读者服务部）
网　　址　https：//castp.caas.cn
经　　销　各地新华书店
印　　刷　北京建宏印刷有限公司
开　　本　148 mm × 210 mm　1/32
印　　张　3.625
字　　数　151 千字
版　　次　2022 年 11 月第 1 版　2022 年 11 月第 1 次印刷
定　　价　29.00 元

《香蕉主要病毒病及其病原特征》
编写人员

主　　编： 余乃通　中国热带农业科学院热带生物技术研究所

副 主 编： 刘志昕　中国热带农业科学院热带生物技术研究所

周　琴　中国热带农业科学院科技信息研究所

编写人员： 王健华　中国热带农业科学院热带生物技术研究所

袁宏伟　中国热带农业科学院热带生物技术研究所

李正男　内蒙古农业大学园艺与植物保护学院

罗志文　海南省农业科学院热带果树研究所

张雨良　中国热带农业科学院热带生物技术研究所

主编简介

余乃通（1985.9—） 中国科学院大学博士，留美硕士，现为中国热带农业科学院热带生物技术研究所副研究员，硕士生导师。长期从事热带植物病毒病原鉴定、诊断检测方法开发、病毒与宿主互作及抗病毒分子育种等方面的基础研究和应用基础研究。入选海南省高层次人才、海南省“双百”人才团队、海南省科技专家、海南省食品安全专家等。美国植物病理学会会员、中国植物保护学会会员、中国农业生物技术学会终身会员等。*Plant Disease*、*Virology Journal*、*European Journal of Plant Pathology* 等国际期刊审稿专家。

近年来，先后主持国家自然科学基金项目 1 项，农业农村部、海南省和广东省等部省级项目 10 余项；参与国家科技支撑计划项目、国家公益性行业（农业）科研专项、国家重点研发计划项目、国家自然科学基金国际合作项目等多个国家重大项目。在国内外期刊上发表学术论文 98 篇（以第一或通讯作者发表 SCI 论文 18 篇、中文核心期刊论文 29 篇）；申请国际和国家专利 29 件，获批国际专利 2 件，获批国家发明专利 4 件、国家实用新型专利 7 件；申请计算机软件著作权 18 件，获批 15 件。获海南省科技进步奖三等奖 1 项，海南省生命科学联合学术交流大会一等奖 1 项，中国热带农业科学院科技服务奖二等奖和科技创新奖三等奖各 1 项。

前 言

香蕉（*Musa* spp.）是原产于亚洲东南部的一种热带、亚热带水果，属芭蕉科（Musaceae）芭蕉属（*Musa*）植物，其中以香蕉（*Musa nana* Lour.）和大蕉（*Musa*×*paradisiaca* L.）果实因具有较高食用价值而被驯化作粮食和水果。世界上栽培香蕉的国家有130多个，主要分布在南北纬度30°以内的热带、亚热带地区。我国是世界上栽培香蕉的最古老的国家之一，产区主要集中在广东、广西、福建、台湾、云南和海南等南方地区。

据联合国粮食及农业组织（FAO）统计数据，全球香蕉2020年收获面积和产量分别达520.35万公顷和1.20亿吨，为至少136个国家4亿多人口提供了主要的粮食和水果来源，对主产区人类生存发展具有积极深远且不可替代的重要意义，因此香蕉被誉为“世界第四大粮食作物”和“世界第一大热带草本果树”。我国（未包括台湾地区统计数据）香蕉2020年收获面积和产量分别为33.86万公顷和1 151.30万吨，产量约占全球总量的10%，是亚洲最重要的香蕉主产国之一。

在香蕉生产中，病虫害一直是导致香蕉产量与质量下降的重要因素之一，常常影响香蕉正常生长发育，造成30%以上的减产，受害严重的甚至造成“毁园”。在所有病虫害中，又以病毒病发生最为普遍且难以根治，香蕉植株一旦感染病毒病，其养分传输受损，光合作用受抑，生长发育严重迟滞，引起植株矮小、组织畸形黄化，严重时导致植株死亡，最终造成产量和质量下降，且尚无有效的治疗办法。同时，由于一些香蕉病毒病原被多国列入对外检疫对象甚至国际植物检疫对象，进而严重限制了香蕉种质资源的国际间交流。

据报道，能感染为害香蕉和大蕉的病毒种类大约有20种，分属5个病毒科。其中香蕉条纹病毒（Banana streak viruses，BSVs）、香蕉束顶病毒（Banana bunchy top virus，BBTV）和香蕉苞片花叶病毒（Banana bract mosaic virus，BBrMV）是目前世界香蕉主产区的主要病毒，而我国则以BSVs、BBTV和黄瓜花叶病毒（Cucumber mosaic virus，CMV）流行和为害最为严重，BBrMV尚未在我国发现和报道，属进境植物检疫性有害生物。由于BSVs不同分离物的序列差异较大，结合BSVs在世界各地的地理分布，国际病毒分类委员会（ICTV）把BSVs归类到杆状DNA病毒属（*Badnavirus*）的9个种，本书着重介绍了BSVs的其中一个代表种。另外，ICTV病毒分类2021版将BBTV卫星组分单独归类到α-卫星病毒科（*Alphasatellitidae*），本书仍然按照ICTV病毒分类2020版将BBTV卫星组分作为病毒基因组的附加组分进行收录和介绍。

本书主要收录了感染香蕉的8种常见病毒病，从病害特性、病原特征、分布范围及传播途径、鉴定方法、防治方法5个方面进行介绍，采用图文并茂的形式详细介绍每种病毒，配以发病症状、传播介体、病毒粒子等图片，为从事香蕉植物保护科研教育工作者、生产一线技术人员及种植户提供一套较为系统、科学的香蕉病毒病识别和防治方法。在附录中还提供了病毒基因组序列特征，以供科研人员、农技推广部门、植保部门技术人员及病毒检测人员借鉴参考。

随着全球香蕉产业的发展，香蕉病毒病的种类也将不断发生变化，由于编者能力有限，疏漏之处在所难免，书中可能有诸多不足，希望读者提出宝贵意见和建议。

希望通过本书出版，为从事香蕉生产、科教领域工作的广大农民、农业技术人员和农业院校师生等提供有益的参考和借鉴。同时，谨以本书抛砖引玉，共同推进香蕉病毒病精准鉴别和综合防控研究及应用推广工作，为助力我国及世界香蕉产业健康发展贡献积极力量。

余乃通

2022年6月于海口

目　录

第一章　中国香蕉主要病毒病

第一节　香蕉束顶病

(Banana bunchy top disease)

一、病害特性

香蕉束顶病（Banana bunchy top disease，BBTD）在中国广东、广西[①]称为蕉公、葱蕉、虾蕉，在云南称为龙头病，是香蕉上的主要病毒病害之一。20 世纪中后期，香蕉束顶病在我国福建、广东、广西、云南和海南等香蕉重要产区流行，造成了较大的危害和经济损失，严重影响了当时香蕉产业的发展。染病香蕉植株主要呈矮缩状（图 1-1），新生叶片变窄变短，束状丛生（由此而得名束顶病）；叶脉上首先出现深绿色点线状的“青筋”；叶片硬直、易脆，易折断；染病香蕉植株停止生长，最后病株枯死。

图 1–1　染病香蕉植株表现矮化症状

二、病原特征

香蕉束顶病的病原为香蕉束顶病毒（Banana bunchy top virus，BBTV），属矮缩病毒科（*Nanoviridae*）香蕉束顶病毒属

① 广西壮族自治区，全书简称广西。

(*Babuvirus*)。BBTV病毒粒子直径为18～20 nm的等轴二十面体（图1-2），在Cs_2SO_4中浮力密度为1.28～1.29 g/mL，A_{260}/A_{280}的比值为1.33，沉降系数为46 S。BBTV基因组至少由6个大小为1.0～1.1 kb的环状单链DNA（cssDNA）组分组成，分别命名为DNA-R（DNA1）、DNA-U3（DNA2）、DNA-S（DNA3）、DNA-M（DNA4）、DNA-C（DNA5）、DNA-N（DNA6）组分，都由编码区和非编码区两部分构成。研究表明，将国内外BBTV分离物的DNA-R和DNA-S组分全长序列分别进行比对分析并构建系统进化树，结合BBTV地理分布关系，提出了将BBTV划分为东南亚组（Southeast Asian group，SEA）和太平洋印度洋组（Pacific-Indian Oceans group，PIO）。目前，BBTV基因组除了上述6个必须组分之外，在东南亚组的BBTV分离物中普遍存在1～3个卫星组分（Satellite DNA），其结构特征与DNA-R组分相似。

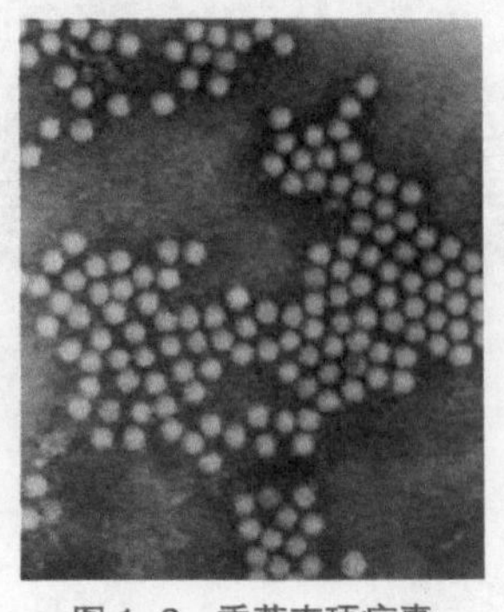

图1-2 香蕉束顶病毒（BBTV）粒子电镜图片

三、分布范围及传播途径

1889年香蕉束顶病毒在大洋洲的斐济首次被报道，目前该病毒在非洲、亚洲和大洋洲广泛存在。在我国，香蕉束顶病毒主要分布在广东、广西、福建、海南、云南、台湾等省（区）。

香蕉束顶病毒近距离传播主要靠带毒的繁殖材料和带毒的香蕉交脉蚜虫（*Pentalonia nigronervosa*）（图1-3），远距离传播主要是

图1-3 香蕉交脉蚜成虫

通过带毒的繁殖材料。此病初次侵染源，在新区和无病区主要是带病吸芽和种苗，以后可由香蕉交脉蚜虫传播；香蕉交脉蚜虫在病株上取食两小时即可获得传毒能力，带毒蚜虫在健株上取食两小时就可传染该病毒。机械损伤、汁液摩擦和土壤均不能传播香蕉束顶病毒。

四、鉴定方法

植物表型鉴定，染病香蕉植株主要呈矮缩状，束状丛生，叶脉上出现深绿色点线状的“青筋”，叶片硬直、易脆，易折断。分子生物学鉴定，设计香蕉束顶病毒 DNA-R 或 DNA-S 组分编码区的一对保守引物，利用聚合酶链式反应（Polymerase chain reaction，PCR）进行分子生物学检测，是目前实验室最为常用的快速精确检测和鉴定病原的方法。

五、防治方法

总体方法是建立无病苗圃，选种无病蕉苗，阻止介体传播。具体方法如下。

（1）选种无病蕉苗。

（2）挖除染病植株，减少传染源；在处理病株后应改种其他作物或种植较抗病的大蕉、粉蕉等品种。

（3）采用合理的种植方式和种植密度，同时加强肥水管理。

（4）结合化学药剂防治香蕉交脉蚜虫。在蚜虫发生期应用双丙环虫酯、噻虫嗪、吡虫啉或烯啶虫胺等进行防治。蚜虫防治配方可选用下列药剂之一：① 50 g/L 双丙环虫酯 12 000 ～ 20 000 倍稀释液；② 3% 啶虫脒乳油 1 500 倍稀释液；③ 10% 吡虫啉可湿性粉剂 1 000 倍稀释液；④ 25% 噻虫嗪可湿性粉剂 5 000 ～ 10 000 倍稀释液；⑤ 70% 艾美乐 10 000 ～ 15 000 倍稀释液；⑥ 2.5% 鱼藤酮乳油 1 000 倍稀释液。喷药时叶片正面、背面均要喷到，每隔 7 天喷一次，连喷 2～3 次。

参考文献

海南省农业农村厅，2021. 关于海南经济特区禁止生产运输储存销售使用农药名录（2021 年修订版）的通告 [EB]. 琼农规〔2021〕2 号 .

李品汉，2016. 香蕉束顶病的发生及其综合防治措施 [J]. 科学种养（11）：29-30.

余乃通，2012. 香蕉束顶病毒基因组克隆及 DNA2 ORF 分析与酵母双杂交自激活验证 [D]. 海口：海南大学 .

余乃通，刘志昕，2011. 香蕉束顶病毒研究新进展 [J]. 微生物学通报，38（3）：396-404.

KUMAR PL, SELVARAJ R, ISKRA-CARUANA ML, et al., 2015. Biology, etiology, and control of virus diseases of banana and plantain[J]. Advances in Virus Research, 91(1): 229-269.

THOMAS JE, GRONENBORN B, HARDING RM, et al., 2021. ICTV virus taxonomy profile: *Nanoviridae*[J]. Journal of General Virology, 102(3): 001544.

YU NT, FENG TC, ZHANG YL, et al., 2011. Bioinformatic analysis of BBTV satellite DNA in Hainan[J]. Virologica Sinica, 26(4): 279-284.

YU NT, ZHANG YL, WANG JH, et al., 2012. Cloning and sequence analysis of two Banana bunchy top virus genomes in Hainan[J]. Virus Gene, 44(3): 488-494.

第二节　香蕉花叶心腐病

(Banana mosaic disease)

一、病害特性

香蕉花叶心腐病（Banana mosaic disease，BMD）又称花叶病、心腐病、侵染性褪绿病，是发生在香蕉上的一种重要病毒病害。花叶心腐病主要为害香蕉幼苗，造成植株矮小，叶片花叶，并产生花叶状茎心腐烂；成株期也可受侵染，表现为叶片花叶或茎心腐烂（图 1-4）。香蕉花叶心腐病于 1974 年在中国广东香蕉上首次发现，随后在广西、台湾、海南、福建等地均有报道。20 世纪末，该病害在广西等地的香蕉产区流行，造成严重的经济损失。香蕉花叶心腐病传播速度快，应引起高度重视。

图 1-4　染病香蕉叶片出现褪绿花叶症状

二、病原特征

香蕉花叶心腐病的病原为黄瓜花叶病毒（Cucumber mosaic virus，CMV），属雀麦花叶病毒科（*Bromoviridae*）黄瓜花叶病毒属（*Cucumovirus*）。CMV 的病毒粒子为二十面体球状结构，无包膜，直径 29 ～ 30 nm（图 1-5）。基因组由单链、正义 RNA 构成，包括 RNA1、RNA2、RNA3 和亚基因组 RNA（RNA4），有

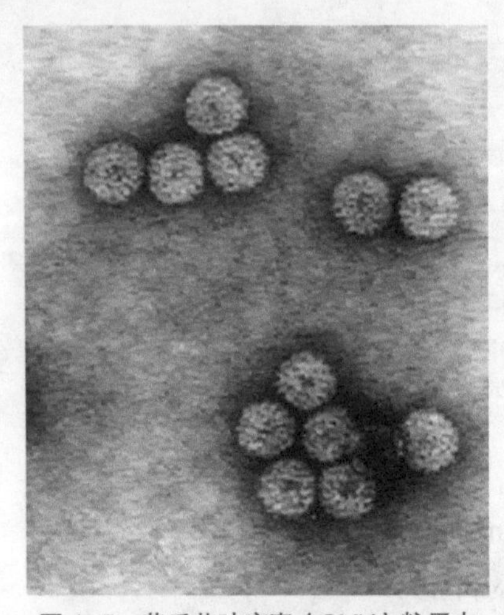

图 1-5 黄瓜花叶病毒（CMV）粒子电镜图片（引自 King et al.，2011）

的还含有第五种 RNA，即卫星 RNA（Satellite RNA，satRNA）。CMV 的卫星 RNA 是一类大小在 307 ～ 405 nt 之间的线型单链非编码 RNA 分子，与病毒 RNA 基因组无同源性。尽管小分子 satRNA 不编码任何基因产物，但对病毒侵染的寄主植物上的症状起辅助减轻作用。已报道 CMV 可侵染 100 个科的 1 200 多种植物，感染香蕉的 CMV 有两个病毒株系，香蕉株系和番茄株系。

三、分布范围及传播途径

香蕉花叶心腐病在世界各地广泛分布，几乎每个国家都有超过 900 种农作物或植物受到该病病原感染。中国各地农作物多数受到该病毒感染，其中，受侵染的香蕉植株主要分布在广东、广西、台湾、海南、福建等省（区）。

图 1-6 香蕉交脉蚜的幼虫

超过 80 种的蚜虫以非持久性方式传播该病毒，传播效率受蚜虫种类、毒源植物种类等多种因素影响。在香蕉生产中，CMV 主要由蚜虫和香蕉组培苗传播，图 1-6 为香蕉交脉蚜虫的幼虫。机械损伤和汁液摩擦也能传播该病毒。

四、鉴定方法

植物表型鉴定，染病植株矮小、叶片褪绿花叶症状明显。分子生物学鉴定，设计黄瓜花叶病毒香蕉株系和番茄株系的外壳蛋白（Coat protein，CP）基因编码区的一对保守引物，利用逆转录聚合酶链式反应（Reverse transcription-polymerase chain reaction，RT-PCR）进行检测，是目前实验室最为常用的快速精确检测和鉴定病原的方法。

五、防治方法

总体方法是建立无病苗圃，选种无病蕉苗，阻止介体传播。具体方法如下。

（1）选种无病蕉苗。

（2）发现病株应立即铲除。

（3）蕉园及附近不宜种植黄瓜花叶病毒香蕉株系或番茄株系的寄主作物，同时注意避免与瓜类作物和茄科作物间种。

（4）定植后加强肥水管理，使其迅速生长，以提高抗病力。

（5）根据香蕉交脉蚜、玉米蚜和桃蚜等蚜虫传病的规律，种植期尽量避开当地蚜虫发生高峰期，及时喷药灭杀蚜虫。在蚜虫发生期应用双丙环虫酯、噻虫嗪、吡虫啉或烯啶虫胺等进行防治。蚜虫防治配方可选用下列药剂之一：① 50 g/L 双丙环虫酯 12 000 ～ 20 000 倍稀释液；② 3% 啶虫脒乳油 1 500 倍稀释液；③ 10% 吡虫啉可湿性粉剂 1 000 倍稀释液；④ 25% 噻虫嗪可湿性粉剂 5 000 ～ 10 000 倍稀释液；⑤ 70% 艾美乐 10 000 ～ 15 000 倍稀释液；⑥ 2.5% 鱼藤酮乳油 1 000 倍稀释液。喷药时叶片正、背面均要喷到，每隔 7 天喷一次，连喷 2 ～ 3 次。

参考文献

付岗，2015. 香蕉病虫害防治原色图鉴 [M]. 广西：广西科学技术出版社 .

海南省农业农村厅，2021. 关于海南经济特区禁止生产运输储存销售使用农药名录（2021 年修订版）的通告 [EB]. 琼农规〔2021〕2 号 .

秦云霞，曾华金，刘志昕，等，2004. 黄瓜花叶病毒 CP 基因原核表达及抗血清的制备 [J]. 中国生物工程杂志，24（8）：73-76.

王小明，2010. CMV 2b 蛋白与寄主互作研究中诱饵质粒的构建 [D]. 海口：海南大学 .

BUJARSKI J, GALLITELLI D, GARCÍA-ARENAL F, et al., 2019. ICTV virus taxonomy profile: *Bromoviridae*[J]. Journal of General Virology, 100(8): 1206-1207.

KING AMD, ADAMS MJ, CARSTENS EB, et al.，2011. Viruse taxonomy: Ninth report of the International Committee on Taxonomy of Viruses [M]. Amsterdam: Elsevier Academic Press.

KUMAR PL, SELVARAJ R, ISKRA-CARUANA ML, et al., 2015. Biology, etiology, and control of virus diseases of banana and plantain[J]. Advances in Virus Research, 91(1): 229-269.

SRIVASTAVA N, KAPOOR R, KUMAR R, et al., 2019. Rapid diagnosis of Cucumber mosaic virus in banana plants using a fluorescence-based real-time isothermal reverse transcription-recombinase polymerase amplification assay[J]. Journal of Virological Methods, 270: 52-58.

第三节　香蕉条纹病毒病

（Banana streak disease）

一、病害特性

香蕉条纹病毒病（Banana streak disease，BSD），又名香蕉条斑病毒病、香蕉线条病毒病，是香蕉上的主要病毒病害之一，在世界各地香蕉产区广泛分布。该病毒病引起香蕉上的典型症状是染病植株叶片出现断续的或连续的褪绿条斑及梭形条斑（图1-7），随着症状的发展，可逐渐成为坏死黑色条斑，严重的发展成叶片坏死；染病香蕉植株假茎、叶柄及果穗有时也会出现条纹症状。香蕉条纹病毒病症状表达不稳定，症状有时很严重，有时则很轻，甚至隐症。2000年在国内首次发现病例以来，已在我国广东、云南和海南等香蕉种植区发现和报道了香蕉条纹病毒病，对生产尚未造成严重危害，但潜在危害影响深远。

图1-7　染病香蕉叶片出现褪绿条纹症状

二、病原特征

香蕉条纹病毒病的病原为香蕉条纹病毒（Banana streak virus，BSV），属花椰菜花叶病毒科（*Caulimoviridae*）杆状DNA病毒属（*Badnavirus*）。BSV 病毒粒子为长的杆状结构，两端呈圆头状，其宽度为 30 nm，直径为 120 ～ 150 nm（图 1-8），纯化的病毒粒子 A_{260}/A_{280} 比值为 1.26。BSV 基因组大小 7.0 ～ 8.0 kb 的环状非共价闭合双链 DNA，在一条链上有 3 个连续的开放阅读框（Open reading frames，ORFs），即 ORF Ⅰ、ORF Ⅱ和 ORF Ⅲ，分别编码 3 个病毒蛋白。其中 ORF Ⅲ编码一个大的多聚蛋白，经蛋白酶剪切后形成运动蛋白（MP）、外壳蛋白（CP）、天冬氨酸蛋白酶（AP）、逆转录酶（RT）和 RNA 酶 H（RNase H）等。由于 BSVs 不同分离物的序列差异较大，结合 BSVs 在世界各地的地理分布，国际病毒分类委员会（ICTV）把 BSVs 划分到杆状 DNA 病毒属下的 9 个种，分别命名为香蕉条斑 GF 病毒（Banana streak GF virus，BSGFV）、香蕉条斑 UA 病毒（Banana streak UA virus，BSUAV）、香蕉条斑 IM 病毒（Banana streak IM virus，BSIMV）、香蕉条斑 MY 病毒（Banana streak MY virus，BSMYV）、香蕉条斑 OL 病毒（Banana streak OL virus，BSOLV）、香蕉条斑 UI 病毒（Banana streak UI virus，BSUIV）、香蕉条斑 UL 病毒（Banana streak UL virus，BSULV）、香蕉条斑 UM 病毒（Banana streak UM virus，BSUML）和香蕉条斑 VN 病毒（Banana streak VN virus，BSVNV）。

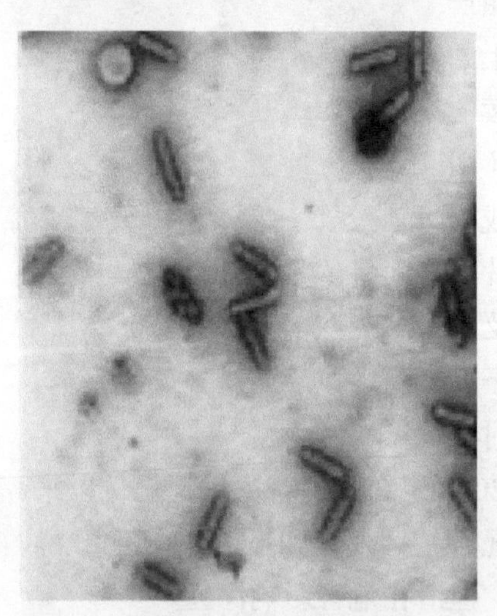

图 1-8　香蕉条纹病毒（BSV）粒子电镜图片（引自 Harper et al.，2004）

三、分布范围及传播途径

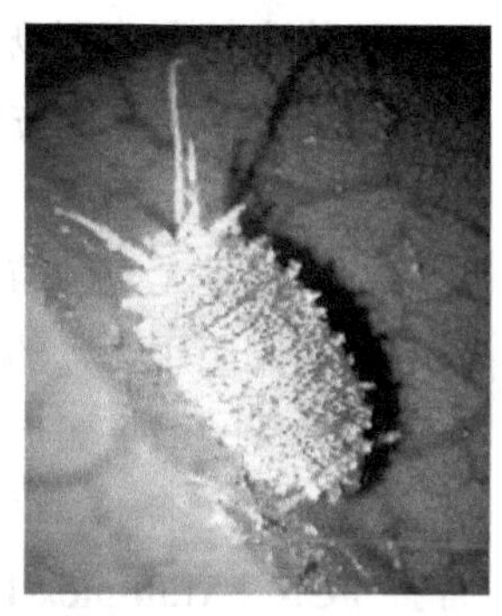

图 1-9　香蕉褐圆蚧成虫

香蕉条纹病毒病（BSD）于 1974 年在非洲首次发现，2000 年在中国首次发现该病毒病例。在国内，目前该病毒病已在广东和海南普遍出现，广西、云南等地时有发生。在国外，该病毒病严重危及南美洲的哥伦比亚、巴西等国家，非洲的乌干达、南非等国家，以及哥斯达黎加、澳大利亚、印度、菲律宾等国家的香蕉产业，可致使每公顷损失果实产量 4.5 ～ 30 t。香蕉条斑病毒主要通过无性繁殖材料（吸芽、组培苗等）传播；自然条件下，香蕉条斑病毒也通过香蕉褐圆蚧（*Chrysomphalus aonidum*）的卵、若虫、成虫传播（图 1-9），若虫的传毒效率高于成虫，传毒效率还因蕉类品种的不同而存在差异。另外，由于 BSV 序列能整合到香蕉宿主基因组中（endogenous BSV，eBSV），在特定的时间和条件下激活产生完整的病毒粒子危害宿主，因此，BSV 是一种潜在的、爆发性强的植物病毒。种植香蕉的省市县各级技术推广站和香蕉企业生产部门应引起高度重视，防止该病毒由潜伏状态转变为游离状态。

四、鉴定方法

植物表型鉴定，染病香蕉植株叶片出现断续的或连续的褪绿条斑及梭形条斑症状。由于 BSV 序列能整合到香蕉宿主基因组（eBSV）中，使用聚合酶链式反应（PCR）进行检测可能出现假阳性。目前，免疫捕捉实时荧光 PCR（IC-RT-PCR）或多重免疫捕捉 PCR（Multiplex-IC-PCR）方法，可以有效地用于游离 BSV 病毒粒子的检测。

五、防治方法

总体方法是种植无游离 BSV 和无内源 BSV（eBSV）香蕉苗，阻止介体传播。具体方法如下。

（1）发现病株后，及时灭除病株。

（2）建立无病育苗系统，栽培无病苗。目前种植的香蕉多为试管苗，确保使用无毒的材料进行组培扩繁，以杜绝初侵染源，是阻止病害流行的最重要措施。

（3）利用免疫捕捉实时荧光 PCR（IC-RT-PCR）或多重免疫捕捉 PCR（Multiplex-IC-PCR）方法，确保试管苗无内源 BSV（eBSV）整合或游离的 BSV 病毒粒子。

（4）规定种质转移原则。在不同国家或同一国家不同地区间进行香蕉种质资源交流、保存时，为了保证安全性，都需要进行 BSV 和 eBSV 检测，通过检疫阻止病株的调运及扩散。

（5）种植抗耐病品种，如靶向编辑 BSV 和 eBSV 的香蕉抗病品种，或种植对 BSV 有较好抗耐性的香蕉品种或品系。

（6）做好粉蚧低龄若虫盛发期的监测与防治，及时喷药灭杀粉蚧。粉蚧防治配方可选用下列药剂之一：选用 10% 吡虫啉（SC）乳油 1 500 倍液稀释液，或 20% 啶虫脒（SP）乳油 2 000 ～ 2 500 倍液稀释液，或 2.5% 高效氯氟氰菊酯乳油 750 ～ 1 500 倍稀释液等进行喷雾或灌根。

参考文献

海南省农业农村厅，2021. 关于海南经济特区禁止生产运输储存销售使用农药名录（2021 年修订版）的通告 [EB]. 琼农规〔2021〕2 号 .

何云蔚，2007. 香蕉线条病毒侵染性克隆构建和遗传多样性分析 [D]. 广州：华南农业大学 .

中国农业科学院植物保护研究所，中国植物保护学会，2015. 中国农作物病虫害（下册）[M]. 北京：中国农业出版社 .

HARPER G, HART D, MOULT S, et al., 2004. Banana streak virus is very diverse in Uganda[J]. Virus Research, 100(1): 51-56.

TEYCHENEY PY, GEERING ADW, Dasgupta I, et al., 2020. ICTV Virus taxonomy profile: *Caulimoviridae*[J]. Journal of General Virology, 101(10): 1025-1026.

TRIPATHI JN, NTUI VO, RON M, et al., 2019. CRISPR/Cas9 editing of endogenous banana streak virus in the B genome of *Musa* spp. overcomes a major challenge in banana breeding[J]. Communications Biology, 2: 46.

第二章　香蕉其他病毒病

第一节　香蕉苞片花叶病

（Banana bract mosaic disease）

一、病害特性

图 2–1　染病香蕉植株雄花出现纺锤形紫色条纹症状（引自 Kumar et al.，2015）

香蕉苞片花叶病（Banana bract mosaic disease，BBMD）是世界香蕉上的主要病毒病害之一，已在亚洲、中美洲、南美洲、非洲地区的香蕉种植区发现和报道。该病毒病在亚洲地区广泛分布，主要发现于东南亚和南亚，如菲律宾、印度、斯里兰卡、泰国和越南等国家。香蕉苞片花叶病在中国属于进境检疫性病害，目前尚未在我国发现。染病香蕉植株的苞片、假茎、中脉、花序梗和果实上有典型的纺锤形紫色条纹症状（图 2-1），甚至出现坏死条纹。香蕉苞片花叶病可引起染病植株 30% ～ 70% 的果实产量损失。由于该病毒病的病原很容易随病株的无性繁殖材料传播，因而引起了世界各国政府和香蕉产业部门的关注，已被许多国家定为香蕉进口禁止传带的病毒之一。

二、病原特征

香蕉苞片花叶病的病原为香蕉苞片花叶病毒（Banana bract mosaic virus，BBrMV），属马铃薯Y病毒科（*Potyviridae*）马铃薯Y病毒属（*Potyvirus*）。香蕉苞片花叶病毒粒子呈曲线状，大小为（660～760）nm×12 nm（图2-2）。在CsCl中浮力密度为1.29～1.31 g/mL，A_{260}/A_{280}为1.17。BBrMV基因组是一条正义单链RNA（+ssRNA），全长约10 knt，5′端结合VPg蛋白（Viral protein genome-linked，VPg），3′端有poly A结构，其基因组含有一个大阅读框（ORF），编码一个3 000多个氨基酸的多聚蛋白，翻译后被切割成10个活性蛋白，从N端到C端分别为P1蛋白酶（P1）、辅助成分—蛋白酶（Helper component-proteinase，HC-Pro）、P3蛋白、6K1蛋白、柱状内含体蛋白（Cylindrical inclusion protein，CI）、6K2蛋白、病毒基因组连接蛋白（Viral protein genome-linked，VPg）、核内含体蛋白酶a（Nuclear inclusion a-protease，NIa-Pro）、核内含体b（Nuclear inclusion b，Nib）和外壳蛋白（CP）。基因组还含有一个小的ORF，与大ORF重叠，小ORF编码PIPO蛋白（Pretty interesting potyviridae ORF）。

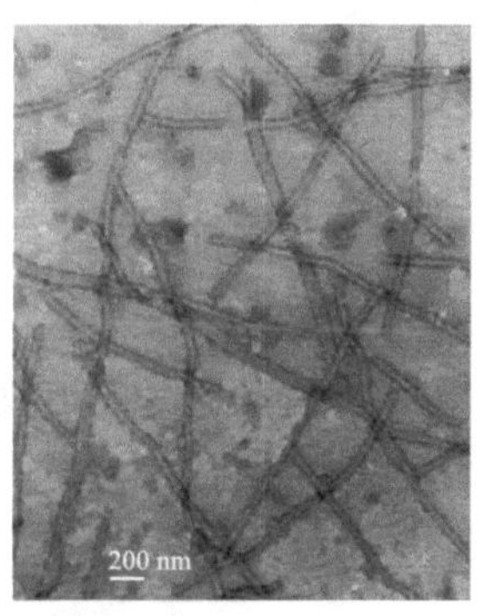

图2-2　香蕉苞片花叶病毒（BBrMV）粒子电镜图片（引自Iskra-Caruana et al.，2008）

三、分布范围及传播途径

1895年香蕉苞片花叶病毒在菲律宾首次被报道，目前该病毒

图 2–3 棉蚜（瓜蚜）幼虫

已在亚洲、中美洲、南美洲和非洲等地区的香蕉上发现并引起危害。在我国香蕉苞片花叶病毒属于进境检疫性病害，尚未发现。

BBrMV 近距离传播主要靠带毒的香蕉繁殖材料，或带毒蚜虫以非持久性进行传播，如棉蚜（*Aphis gossypii*）（图 2-3）和玉米缢管蚜（*Rhopalosiphum maidis*）；远距离传播主要是通过带毒的香蕉繁殖材料。土壤不能传播该病毒，但汁液摩擦可传播。香蕉苞片花叶病初次侵染源，在新区和无病区主要是靠带毒吸芽和种苗传，以后可由蚜虫传播。

四、鉴定方法

植物表型鉴定，染病香蕉植株苞片、假茎、中脉、花序梗出现纺锤形紫色条纹症状。分子生物学鉴定，设计香蕉苞片花叶病毒 CP 蛋白基因的一对保守引物，利用逆转录聚合酶链式反应（RT-PCR）进行检测，是目前实验室最为常用的快速精确检测和鉴定病原的方法。

五、防治方法

总体方法是种植健康香蕉种苗，阻止介体传播。具体方法如下。

（1）发现染病香蕉后，及时铲除病株。

（2）栽培无病香蕉苗。确保使用无毒的繁殖材料进行组培扩繁，以杜绝初侵染源，是阻止病害流行的最重要措施。

（3）种植抗耐病品种，如种植对 BBMD 有较好抗耐病性的香蕉品种或品系。

（4）及时喷药灭杀蚜虫。在蚜虫发生期应用双丙环虫酯、噻虫嗪、吡虫啉或烯啶虫胺等进行防治。蚜虫防治配方可选用下列药剂之一：① 50 g/L 双丙环虫酯 12 000 ～ 20 000 倍稀释液；② 3% 啶虫脒乳油 1 500 倍稀释液；③ 10% 吡虫啉可湿性粉剂 1 000 倍稀释液；④ 25% 噻虫嗪可湿性粉剂 5 000 ～ 10 000 倍稀释液；⑤ 70% 艾美乐 10 000 ～ 15 000 倍稀释液；⑥ 2.5% 鱼藤酮乳油 1 000 倍稀释液。喷药时叶片正面、背面均要喷到，每隔 7 天喷一次，连喷 2 ～ 3 次。

参考文献

海南省农业农村厅，2021. 关于海南经济特区禁止生产运输储存销售使用农药名录（2021 年修订版）的通告 [EB]. 琼农规〔2021〕2 号 .

BALASUBRAMANIAN V, SELVARAJAN R, 2012. Complete genome sequence of a banana bract mosaic virus isolate infecting the French plantain cv. Nendran in India[J]. Archives of Virology, 157(2): 397-400.

ISKRA-CARUANA ML, GALZI S, LABOUREAU N, 2008. A reliable IC One-step RT-PCR method for the detection of BBrMV to ensure safe exchange of Musa germplasm[J]. Journal of Virological Methods, 153(2): 223-231.

KUMAR PL, SELVARAJ R, ISKRA-CARUANA ML, et al., 2015. Biology, etiology, and control of virus diseases of banana and plantain[J]. Advances in Virus Research, 91(1): 229-269.

RODONI BC, DALE JL, HARDING RM, 1999. Characterization and expression of the coat protein-coding region of banana bract mosaic potyvirus, development of diagnostic assays and detection of the virus in banana plants from five countries in southeast Asia[J]. Archives of Virology, 144(9): 1725-1737.

THOMAS JE, GEERING AD, GAMBLEY CF, et al., 1997. Purification, properties, and diagnosis of banana bract mosaic potyvirus and its distinction from abaca mosaic potyvirus[J]. Phytopathology, 87(7): 698-705.

WYLIE SJ, ADAMS M, CHALAM C, et al., 2017. ICTV virus taxonomy profile: *Potyviridae*[J]. Journal of General Girology, 98(3): 352-354.

第二节 麻蕉束顶病

（Abaca bunchy top disease）

一、病害特性

图 2–4 麻蕉植株

20 世纪初，麻蕉束顶病（Abaca bunchy top disease，ABTD）在亚洲的菲律宾和马来西亚麻蕉上先后被发现和报道。目前，麻蕉束顶病尚未在我国麻蕉上发现和报道。染病麻蕉或香蕉植株的叶脉出现透明斑点，叶片易脆、叶缘褪绿并向上卷起，容易与香蕉束顶病（BBTD）症状混淆（图 2-4）。麻蕉束顶病引起的危害情况尚未有相关报道，但是该病的病原与香蕉束顶病毒（BBTV）均是香蕉束顶病毒属（*Babuvirus*）成员，且引起宿主症状特征类似，因此，麻蕉束顶病的危害特性及影响可参考香蕉束顶病（BBTD）。

二、病原特征

麻蕉束顶病的病原为麻蕉束顶病毒（Abaca bunchy top virus，ABTV），属矮缩病毒科（*Nanaviridae*）香蕉束顶病毒属（*Babuvirus*）。参考矮缩病毒科成员粒子结构特征，ABTV 病毒粒子为等轴二十面体，直径为 17 ～ 19 nm（图 2-5），由 60 个外壳蛋白（CP）

亚基组成，无包膜。在 Cs_2SO_4 中浮力密度为 1.24 ～ 1.30 g/mL，在 CsCl 中浮力密度约为 1.34 g/mL。ABTV 基因组至少由 6 个大小为 1.0 ～ 1.1 kb 的环状单链 DNA（cssDNA）组分所组成，分别命名为 DNA-R、DNA-U3、DNA-S、DNA-M、DNA-C、DNA-N 组分，每个组分都由编码区和非编码区两部分构成。

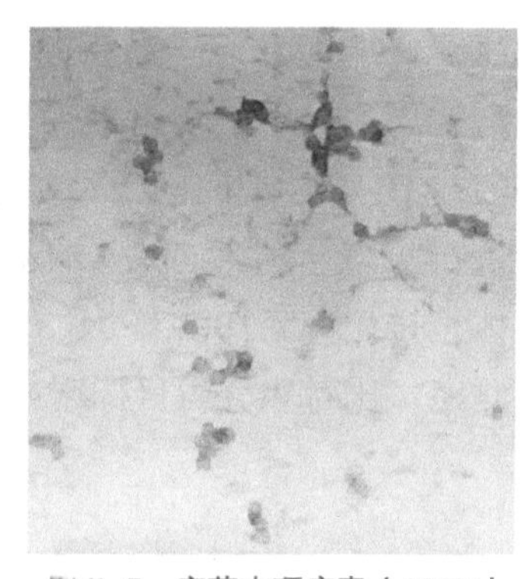
图 2-5　麻蕉束顶病毒（ABTV）粒子电镜图片［参考香蕉束顶病毒（Banana bunchy top virus，BBTV）粒子］

三、分布范围及传播途径

1910 年，麻蕉束顶病毒在菲律宾首次被报道，目前该病毒主要分布在马来西亚和菲律宾等国家。目前尚未在我国麻蕉和香蕉上发现或报道。

图 2-6　香蕉交脉蚜成虫

病毒传播主要靠带毒的繁殖材料。尚未有传播介体的相关研究报道，然而该病毒属于香蕉束顶病毒属（*Babuvirus*）成员，因此其通过带毒的香蕉交脉蚜虫（*Pentalonia nigronervosa*）以持久方式循环传播（图 2-6）。在麻蕉种植新区和无病区主要是带毒吸芽和种苗传，以后可由香蕉交脉蚜虫传播；机械损伤、汁液摩擦和土壤均不能传播麻蕉束顶病毒。

四、鉴定方法

植物表型鉴定，染病植株叶脉出现透明斑点，叶片易脆、叶缘褪绿并向上卷起、易折断。该病毒引起的症状与香蕉束顶病易混淆，需要分子生物学进一步鉴定，设计麻蕉束顶病毒 DNA-R 编码区或 DNA-S 编码区的一对保守引物，利用聚合酶链式反应（PCR）进行扩增，然后回收 DNA 产物，连接至 pMD18-T 等通用克隆载体，转化大肠杆菌感受态细胞，挑取阳性菌送往生物测序公司进行测序，比对和分析目标序列，最后确定感染 ABTV。

五、防治方法

总体方法是选种无病蕉苗，阻止介体传播。具体方法如下。

（1）挖除染病植株，减少传染源。

（2）栽培健康麻蕉苗。确保使用无毒的繁殖材料进行组培扩繁，以杜绝初侵染源，是阻止病害流行的最重要措施。

（3）种植抗耐病品种，种植对 ABTD 有较好抗耐病性的麻蕉品种或品系。

（4）结合化学药剂对传毒媒介进行防治。在蚜虫发生期应用双丙环虫酯、噻虫嗪、吡虫啉或烯啶虫胺等进行防治。蚜虫防治配方可选用下列药剂之一：① 50 g/L 双丙环虫酯 12 000 ～ 20 000 倍稀释液；② 3% 啶虫脒乳油 1 500 倍稀释液；③ 10% 吡虫啉可湿性粉剂 1 000 倍稀释液；④ 25% 噻虫嗪可湿性粉剂 5 000 ～ 10 000 倍稀释液；⑤ 70% 艾美乐 10 000 ～ 15 000 倍稀释液；⑥ 2.5% 鱼藤酮乳油 1 000 倍稀释液。喷药时叶片正、背面均要喷到，每隔 7 天喷一次，连喷 2 ～ 3 次。

参考文献

海南省农业农村厅，2021. 关于海南经济特区禁止生产运输储存销售使用农药名录（2021 年修订版）的通告 [EB]. 琼农规〔2021〕2 号 .

KUMAR PL, SELVARAJ R, ISKRA-CARUANA ML, et al., 2015. Biology, etiology, and control of virus diseases of banana and plantain[J]. Advances in

Virus Research, 91(1): 229-269.

SHARMAN M, THOMAS JE, SKABO S, et al., 2008. Abaca bunchy top virus, a new member of the genus *Babuvirus* (family *Nanoviridae*)[J]. Archives of Virology, 153(1): 135-147.

THOMAS JE, GRONENBORN B, HARDING RM, et al., 2021. ICTV virus taxonomy profile: *Nanoviridae*[J]. Journal of General Girology, 102(3): 001544.

第三节 香蕉轻型花叶病

（Banana mild mosaic disease）

一、病害特性

图 2–7 染病香蕉植株无明显症状

香蕉轻型花叶病（Banana mild mosaic disease，BanMMD），又称香蕉轻型花叶病毒病，已在澳大利亚、哥伦比亚、科特迪瓦等国家的香蕉上发现和报道。目前，尚未在中国香蕉上发现和报道。香蕉轻型花叶病引起香蕉植株症状较轻，通常无明显症状（图 2-7）。研究表明，香蕉轻型花叶病的病原常与香蕉条纹病毒（BSV）或黄瓜花叶病毒（CMV）混合感染，与 CMV 混合感染时可引起香蕉叶片坏死条纹。

二、病原特征

香蕉轻型花叶病的病原为香蕉轻型花叶病毒（Banana mild mosaic virus，BanMMV），属 β 线形病毒科（*Betaflexiviridae*），但未确定属归类。BanMMV 病毒粒子为 580 nm 长的曲线状结构（图 2-8）。BanMMV 基因组呈正单链 RNA，全长约 7 300 nt，5′ 端含有 m^7G 帽子结构，3′ 端有 poly A 结构。基因组含有 5 个开放阅读框（ORF），从 5′ 端到 3′ 端分别编码 RNA 依赖的 RNA 聚合酶（RNA-dependent RNA polymerase，RdRP）、TGB2 蛋白（Triple gene block protein 2）、TGB3 蛋白（Triple gene block protein 3）、TGB4 蛋白（Triple gene block protein 4）和 CP 蛋白。

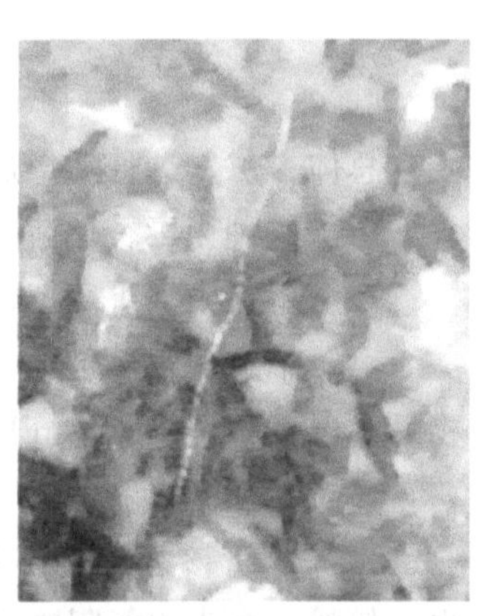

图 2–8　香蕉轻型花叶病毒（BanMMV）粒子电镜图片

三、分布范围及传播途径

2001 年，香蕉轻型花叶病的病原在澳大利亚昆士兰州首次被报道，目前该病毒在澳大利亚、哥伦比亚、科特迪瓦等国家的香蕉上存在。BanMMV 感染芭蕉属植物通常无明显症状，调查表明该病毒可能在世界各地的香蕉植株上广泛分布。尚未在我国香蕉上发现 BanMMV。

病毒传播主要靠带毒的香蕉繁殖材料。目前，尚未有传播介体的相关研究报道，然而，田间病害跟踪调查结果显示，该病毒可水平传播。

四、鉴定方法

植物表型鉴定，BanMMV 感染芭蕉属植物通常无明显症状，很难通过植株表型进行鉴定。分子生物学鉴定，设计香蕉轻型花叶病毒 CP 蛋白基因的一对保守引物，利用逆转录聚合酶链式反应（RT-PCR）进行检测，是目前实验室最为常用的快速精确检测和鉴定病原的方法。另外，也可通过免疫捕捉 RT-PCR（IC-RT-PCR）或免疫电镜（ISEM）检测和鉴定该病毒。

五、防治方法

总体方法是选种无毒蕉苗，加强肥水管理。具体方法如下。

（1）选种无毒香蕉苗。

（2）挖除染病香蕉植株，减少传染源。

（3）结合化学药剂对传毒媒介进行防治，如抗非逆转录病毒药物的利巴韦林（Ribavirin）。

（4）加强肥水管理。

（5）尽管该病毒的传播介体还不清楚，但应通过防治螨、蚜虫、粉蚧、介壳虫等阻断该病毒的水平传播。

参考文献

海南省农业农村厅，2021. 关于海南经济特区禁止生产运输储存销售使用农药名录（2021 年修订版）的通告 [EB]. 琼农规〔2021〕2 号 .

BUSOGORO JP, VANDERMOLEN M, MASQUELIER L, et al. 2006. Development of a chemotherapy protocol to sanitise banana genotypes infected by banana mild mosaic virus (BanMMV)[M]// XVII Reuniao Internacional da Associacão, para a Cooperacão, nas Pesquisas sobre Banana no Caribe e na América Tropical (ACORBAT). 752-756.

GAMBLEY CF, THOMAS JE, 2001. Molecular characterisation of Banana mild mosaic virus, a new filamentous virus in *Musa* spp.[J]. Archives of Virology, 146(7): 1369-1379.

HANAFI M, RONG W, TAMISIER L, et al., 2022. Detection of banana mild mosaic virus in *Musa* in vitro plants: High-throughput sequencing presents higher diagnostic sensitivity than (IC)-RT-PCR and identifies a new *Betaflexiviridae* species[J]. Plants (Basel), 11(2): 226.

HANAFI M, TAHZIMA R, BEN KAAB S, et al., 2020. Identification of divergent isolates of banana mild mosaic virus and development of a new diagnostic primer to improve detection[J]. Pathogens, 9(12): 1045.

KOUADIO KT, AGNEROH TA, De Clerck C, et al., 2013. First report of banana mild mosaic virus infecting plantain in Ivory Coast[J]. Plant Disease, 97(5): 693.

KUMAR PL, SELVARAJ R, ISKRA-CARUANA ML, et al., 2015. Biology, etiology, and control of virus diseases of banana and plantain[J]. Advances in Virus Research, 91(1): 229-269.

REICHEL H, MARTÍNEZ AK, ARROYAVE JA, et al., 2003. First Report of banana mild mosaic virus isolated from plantains (*Musa* AAB) in Colombia[J]. Plant Disease, 87(9): 1150.

第四节　香蕉 X 病毒病

（Banana virus X disease）

一、病害特性

香蕉 X 病毒病（Banana virus X disease，BVXD）首次在法国海外省瓜德罗普被发现和报道。目前，香蕉 X 病毒病尚未在中国香蕉上发现和报道。香蕉 X 病毒病引起香蕉植株症状较轻，通常为无明显症状（图 2-9），对香蕉的种植和生产影响较轻，但潜在危害仍然存在。

图 2–9　染病香蕉植株无明显症状

二、病原特征

香蕉 X 病毒病的病原为香蕉 X 病毒（Banana virus X，BVX），属 β 线形病毒科（*Betaflexiviridae*），但未确定属归类。参考 BanMMV 病毒特征，BVX 病毒粒子为约 580 nm 长的曲线状结构（图 2-10）。BVX 基因组是正单链 RNA，全长约 7 300 nt，5′ 端含有 m^7G 帽子结构，3′ 端含有 poly A 结构，其基因组含有 5 个开放阅读框（ORF），从 5′ 端到 3′ 端分别编码 RdRp 蛋白、TGB1 蛋白（Triple gene block protein 1）、TGB2 蛋白、TGB3 蛋白和 CP 蛋白。

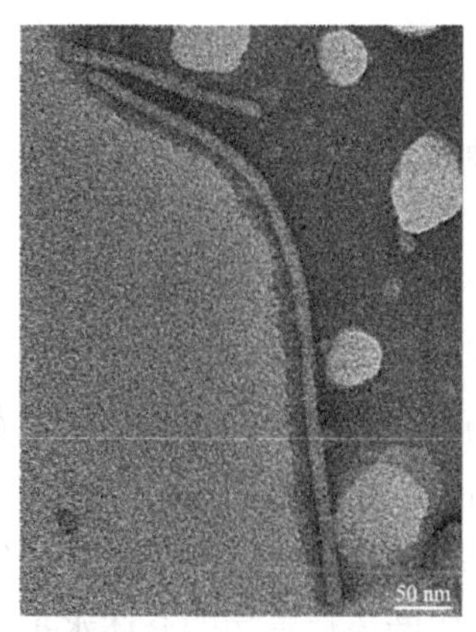

图 2-10　香蕉 X 病毒（BVX）粒子电镜图片

三、分布范围及传播途径

2005 年香蕉 X 病毒病的病原在法国海外省瓜德罗普首次被报道。BVX 感染芭蕉属植物通常无明显症状，但调查表明该病毒很可能在世界各地的香蕉植株上广泛分布。尚未在我国香蕉上发现 BVX。

病毒传播主要靠带毒的香蕉繁殖材料。目前尚未有 BVX 传播介体的相关研究报道，然而，田间病害跟踪调查结果显示，该病毒可水平传播。

四、鉴定方法

植物表型鉴定，BVX 感染芭蕉属植物通常呈无明显症状，很难通过植株表型进行鉴定。分子生物学鉴定，设计香蕉 X 病毒 CP 蛋白基因的一对保守引物，利用逆转录聚合酶链式反应（RT-PCR）进行检测，是目前实验室最为常用的快速精确检测和鉴定病原的方法。另外，也可通过巢式 PCR（Nested PCR）对 BVX 进行检测和鉴定。

五、防治方法

总体方法是选种无毒蕉苗，加强肥水管理。具体方法如下。

（1）选种无毒香蕉苗。

（2）挖除染病香蕉植株，减少传染源。

（3）加强肥水管理。

（4）结合化学药剂对传毒媒介进行防治，如抗非逆转录病毒药物的利巴韦林（Ribavirin）。

（5）尽管该病毒的传播介体还不清楚，但可通过防治螨、蚜虫、粉蚧、介壳虫等阻断该病毒病的介体水平传播。

参考文献

海南省农业农村厅，2021. 关于海南经济特区禁止生产运输储存销售使用农药名录（2021 年修订版）的通告 [EB]. 琼农规〔2021〕2 号 .

KING AMD, ADAMS MJ, CARSTENS EB, et al.，2011. Viruse taxonomy: Ninth report of the International Committee on Taxonomy of Viruses [M]. Amsterdam: Elsevier Academic Press.

KUMAR PL, SELVARAJ R, ISKRA-CARUANA ML, et al., 2015. Biology, etiology, and control of virus diseases of banana and plantain[J]. Advances in Virus Research, 91(1): 229-269.

TEYCHENEY PY, ACINA I, LOCKHART BE, et al., 2007. Detection of banana mild mosaic virus and banana virus X by polyvalent degenerate oligonucleotide RT-PCR (PDO-RT-PCR)[J]. Journal of Virological Methods, 142(1-2): 41-49.

TEYCHENEY PY, MARAIS A, SVANELLA-DUMAS L, et al., 2005. Molecular characterization of banana virus X (BVX), a novel member of the *Flexiviridae* family[J]. Archives of Virology, 150(9): 1715-1727.

第五节　麻蕉花叶病

（Abaca mosaic disease）

一、病害特性

麻蕉花叶病（Abaca mosaic disease，AbaMD）是麻蕉上的一种主要病毒病害。目前麻蕉花叶病仅在菲律宾被发现和报道，尚未在中国麻蕉上发现和报道。染病麻蕉的叶、叶柄和中脉上呈现纺锤形的黄色褪绿条纹（图2-11），该病毒病影响麻蕉纤维的产量和质量，是麻蕉种植和生产过程中的重要限制因子之一，因而引起了菲律宾麻蕉产业的高度关注。

图 2-11　染病麻蕉叶片出现纺锤形的黄色褪绿条纹症状

二、病原特征

麻蕉花叶病的病原为甘蔗花叶病毒 Ab 分离物（Sugarcane mosaic virus isolate Ab，SCMV-Ab），又名麻蕉花叶病毒（Abaca mosaic virus，AbaMV），属马铃薯 Y 病毒科（*Potyviridae*）马铃薯 Y 病毒属（*Potyvirus*）。SCMV-Ab 与甘蔗花叶病毒（SCMV）类似，SCMV-Ab 病毒粒子呈曲线状，大小约为 680 nm × 12 nm（图 2-12）。SCMV-Ab 基因组是正单链 RNA，全长约 9.6 knt，3′ 端有 poly A 结构，其基因组含有一个大阅读框（ORF），编码一个 3 000 多个氨

基酸的大多聚蛋白，翻译后被切割成10个活性蛋白，从N端到C端分别为P1、Hc-Pro、P3、6K1、CI、6K2、VPg、NIa-Pro、NIb和CP。基因组还含有一个小的ORF，与大ORF重叠，小ORF编码PIPO蛋白。

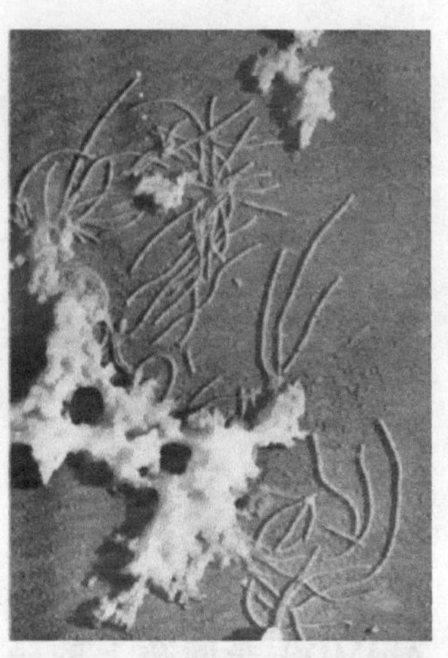

图2-12 甘蔗花叶病毒Ab分离物（SCMV-Ab）粒子电镜图片（Eloja和Tinsley，1963）

三、分布范围及传播途径

1963年麻蕉花叶病的病原在菲律宾首次被报道。染病麻蕉的叶、叶柄和中脉上呈现纺锤形的黄色褪绿条纹，目前未在其他国家有发现和报道。目前尚未在我国麻蕉上发现麻蕉花叶病的病原。

图2-13 棉蚜成虫

SCMV-Ab的自然宿主有麻蕉（*M. textilis*）、竹芋（*Maranta arundinacea*）和美人蕉（*Canna indica*）等。病毒近距离传播主要靠带毒的繁殖材料，或带毒蚜虫以非持久性进行传播，如棉蚜（*Aphis gossypii*）（图2-13）和玉米缢管蚜（*Rhopalosiphum maidis*）；远距离传播主要是通过带毒的繁殖材料。土壤不能传播该病毒，但汁液摩擦可传播。此病初次侵染源，在新区和无病区主要是带病吸芽和种苗传，以后可由蚜虫传播。

四、鉴定方法

植物表型鉴定，染病麻蕉的叶、叶柄和中脉上呈现纺锤形的黄色褪绿条纹。分子生物学鉴定，设计 SCMV-Ab 病毒 CP 蛋白基因的一对保守引物，利用逆转录聚合酶链式反应（RT-PCR）进行检测，是目前实验室最为常用的快速精确检测和鉴定病原的方法。另外，也可通过酶联免疫吸附测定（ELISA）对 SCMV-Ab 进行检测和鉴定。

五、防治方法

总体方法是种植健康麻蕉种苗，阻止介体传播。具体方法如下。

（1）发现染病麻蕉后，及时铲除病株。

（2）栽培健康麻蕉苗。确保使用无毒的材料进行组培扩繁，杜绝初侵染源，是阻止病害流行的最重要措施。

（3）及时喷药灭杀蚜虫。在蚜虫发生期应用双丙环虫酯、噻虫嗪、吡虫啉或烯啶虫胺等进行防治。蚜虫防治配方可选用下列药剂之一：① 50 g/L 双丙环虫酯 12 000 ～ 20 000 倍稀释液；② 3% 啶虫脒乳油 1 500 倍稀释液；③ 10% 吡虫啉可湿性粉剂 1 000 倍稀释液；④ 25% 噻虫嗪可湿性粉剂 5 000 ～ 10 000 倍稀释液；⑤ 70% 艾美乐 10 000 ～ 15 000 倍稀释液；⑥ 2.5% 鱼藤酮乳油 1 000 倍稀释液。喷药时叶片正面、背面均要喷到，每隔 7 天喷一次，连喷 2 ～ 3 次。

参考文献

海南省农业农村厅，2021. 关于海南经济特区禁止生产运输储存销售使用农药名录（2021 年修订版）的通告 [EB]. 琼农规〔2021〕2 号 .

ELOJA AL, TINSLEY TW, 1963. Abaca mosaic virus and its relationship to sugarcane mosaic[J]. The Annals of Applied Biology, 51: 253-258.

GAMBLEY CF, THOMAS JE, MAGNAYE LV, et al., 2004. Abaca´ mosaic virus: A distinct strain of sugarcane mosaic virus[J]. Australasian Plant Pathology, 33: 475-484.

RICE JL, HOY JW., 2020. Recovery from mosaic caused by sorghum mosaic virus in sugarcane and impact on Yield[J]. Plant Disease, 104(12): 3166-3172.

KUMAR PL, SELVARAJ R, ISKRA-CARUANA ML, et al., 2015. Biology, etiology, and control of virus diseases of banana and plantain[J]. Advances in Virus Research, 91(1): 229-269.

WYLIE SJ, ADAMS M, CHALAM C, et al., 2017. ICTV virus taxonomy profile: *Potyviridae*[J]. Journal of General Virology, 98(3): 352-354.

第三章　香蕉病毒基因组结构特征

第一节　香蕉束顶病毒（BBTV）基因组结构特征

香蕉束顶病毒（BBTV）基因组由 6 ～ 8 个大小 1.0 ～ 1.1 knt 的环状 ssDNA 组分所组成，其中 6 个组分为必须组分，分别命名为 DNA-R、DNA-U3、DNA-S、DNA-M、DNA-C、DNA-N 组分。部分 BBTV 分离物还含有附加组分，即卫星 DNA，如图 3-1 的 DNA-Sat4 和 DNA-NewS2。每个组分都由非编码区和编码区两部分构成。

BBTV 各组分的非编码区有 3 个同源序列，即主要共同区（CR-M）、茎环共同区（CR-SL）以及潜在的 TATA box。CR-M 定位在 CR-SL 的 5′ 端上游，由 66 ～ 92 个核苷酸组成，其内部有一个 16 个核苷酸组成近乎完全重复序列和一个 GC box，各组分间的同源性为 76% 左右。CR-M 由位于 CR-M 5′ 端的 Domain Ⅰ，位于 CR-M 3′ 端的 Domain Ⅲ，以及位于 Domina Ⅰ和 Domina Ⅲ之间的 Domain Ⅱ组成。研究表明，CR-M 含有内源 ssDNA 引物结合位点，能引发全长互补链在体外合成。CR-SL 的环上有一个高度保守的 9 核苷酸序列（5′-TANTATTAC-3′）。介于 CR-SL 和 ORF 间的转录识别序列 TATA box，一致序列为 CTATa/ta/tAt/Ta。

除 DNA-U3 组分外，其他组分均编码一个病毒蛋白。DNA-R 组分编码复制起始蛋白（Replication initiation protein，Rep），在病

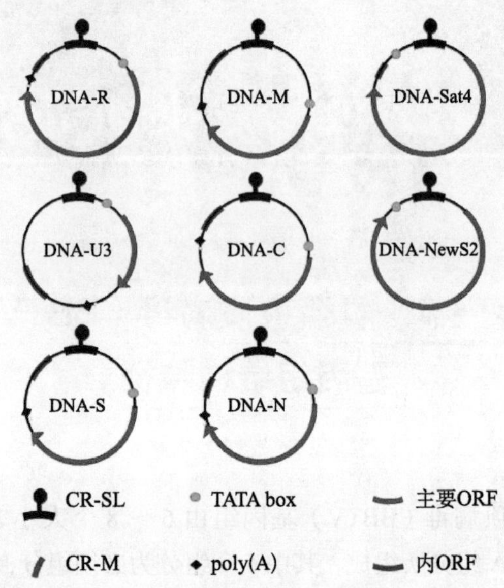

图 3–1 香蕉束顶病毒（BBTV）基因组示意

注：CR-SL，茎环共同区；CR-M，主要共同区；ORF，开放阅读框；TATA box，TATA 框；polyadenylation signal，多聚腺苷酸化信号。

毒复制过程中对病毒 DNA（Viral DNA）进行剪切和连接；DNA-S 组分编码外壳蛋白（Capsid protein，CP），对病毒基因组的每个组分进行独立装配；DNA-M 组分编码运动蛋白（Movement protein，MP），在植株体内对病毒进行细胞间的运输作用，同时该蛋白还有病毒沉默抑制子作用，此外，该蛋白通过蛋白酶解产生一段功能性小肽，与宿主 RuBisCO 大亚基（RbcL）和延伸因子（EF2）相互作用，从而影响宿主细胞蛋白合成；DNA-C 组分编码细胞周期连接蛋白（Cell-cycle link protein，Clink），推测其干扰宿主细胞周期从而促进病毒 DNA 合成；DNA-N 组分编码核穿梭蛋白（Nuclear shuttle protein，NSP），具有运输病毒粒子到细胞核外的作用。另外，卫星组分编码复制起始辅助蛋白（Assistant replication initiation protein，RepA），该蛋白与 Rep 蛋白功能相似，但是仅对自身组分起剪切和连接作用。

参考文献

余乃通，2012. 香蕉束顶病毒基因组克隆及 DNA2 ORF 分析与酵母双杂交自激活验证 [D]. 海口：海南大学 .

BEETHAM PR, HARDING RM, DALE JL, 1999. Banana bunchy top virus DNA-2 to -6 are monocistronic[J]. Archive Virology, 144: 89-105.

BURNS TM, HARDING RM, DALE JL, 1995. The genome organization of banana bunchy top virus: analysis of six ssDNA components[J]. Journal of General Virology, 76, 1471-1482.

HAFNER GJ, HARDING RM, DALE JL, 1997. A DNA primer associated with banana bunchy top virus[J]. Journal of General Virology, 78: 479-486.

NIU S, WANG B, GUO X, et al., 2009. Identification of two RNA silencing suppressors from Banana bunchy top virus[J]. Archive Virology, 154(11): 1775-1783.

YU NT, FENG TC, ZHANG YL, et al., 2011. Bioinformatic analysis of BBTV satellite DNA in Hainan[J]. Journal of General Virology, 26(4): 279-284.

YU NT, XIE HM, ZHANG YL, et al., 2019. Independent modulation of individual genomic component transcription and a cis-acting element related to high transcriptional activity in a multipartite DNA virus[J]. BMC Genomics, 20(1): 573.

ZHUANG J, LIN W, COATES CJ, et al., 2019. Cleavage of the babuvirus movement protein B4 into functional peptides capable of host factor conjugation is required for virulence[J]. Virologica Sinica, 34(3): 295-305.

第二节 黄瓜花叶病毒（CMV）基因组结构特征

黄瓜花叶病毒（CMV）的基因组由正义、单链RNA构成，包括RNA1、RNA2、RNA3和亚基因组RNA（RNA4），如图3-2所示，有的还含有第五种RNA，即卫星RNA（Satellite RNA，satRNA）。已知CMV基因组编码5个蛋白，RNA1编码病毒复制酶亚基1a，具有甲基转移酶和解旋酶基元功能。RNA2编码2a和2b蛋白，2a蛋白与1a蛋白组成RNA聚合酶（RNA-dependent RNA polymerase，RdRp），并与寄主因子结合形成复制复合物（Replication complex，RC）在病毒的复制中起作用；2b蛋白影响病毒的系统性侵染和具有病毒抑制沉默子功能。RNA3的5′ORF编

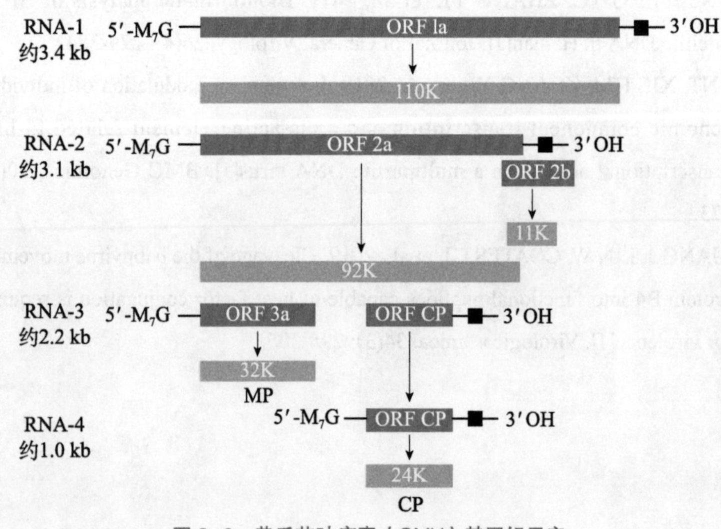

图3-2 黄瓜花叶病毒（CMV）基因组示意

码 3a 蛋白（MP），而外壳蛋白（CP）由亚基因组 RNA4 编码，这两个蛋白都是病毒移动所需要，MP 蛋白决定病毒在植物体内的细胞内的扩散，CP 蛋白是唯一参与病毒粒子组装的蛋白，与特定媒介识别后参与植物间的病毒传播。CMV 的 satRNA 是一类大小在 307 ～ 405 nt 的线型单链非编码 RNA 分子，因其能够利用 CMV 编码的复制酶进行复制并改变 CMV 的致病性，也被称为亚病毒。

参考文献

王小明，2010. CMV 2b 蛋白与寄主互作研究中诱饵质粒的构建 [D]. 海口：海南大学 .

CILLO F, ROBERTS IM, PALUKAITIS P, 2002. In situ location and tissue distribution of the replication-associated proteins of cucumber mosiac virus in tabacco and cucumber[J]. Journal of Virology, 76(21): 10654-10664.

KIM MJ, HAM BK, KIM HR, et al., 2005. In vitro and in planta interaction evidence between *Nicotiana tabacm* thaumatin-like protein 1(TLP1) and cucumber mosiac virus proteins[J]. Plant Molecular Biology, 59(6): 981-994.

KIM MJ, HAM BK, PAEK KH, 2006. Novel protein kinase with the cucumber mosaic virus 1a methyl transferase domain[J]. Biochem Biophys Res Commun, 2006, 340(1): 228-235.

KIM SH, PALUKAITIS P, PARK YI, 2002. Phosphorylation of cucumbei mosaic virus RNA polymerase 2a protein inhibits formation of replicase complex[J]. EMBO Journal, 21(9): 2292-2300.

LLAMAS S, MORENO IM, GARCIA-ARENAL F, 2006. Analysis of the viability of coat-protein hybrids between cucumber mosaic virus and tomato aspermy virus[J]. Journal of General Virology, 87: 2085-2088.

SANCHEZ-NAVARRO JA, CARMEN HERRANZ M, PALLAS V, 2006. Cell-to-cell movement of alfalfa mosaic virus can be mediated by the movement proteins of Ilar-, bromo-, cucumo-, tobamo- and comoviruses and does not require virion formation[J]. Virology, 346(1): 66-73.

ZAHID K, ZHAO JH, SMITH NA, et al., 2015. Nicotianasmall RNA sequences support a host genome origin of cucumber mosaic virus satellite RNA[J]. PLoS Genetics, 11(1): e1004906.

ZHANG X, YUAN YP, PEI Y, et al., 2006. Cucumber mosaic virus encoded 2b suppressor inhibits *Arabidopsis* Argonautel cleavage activity to counter plant defense[J]. Genes Development, 20(23): 3255-3268.

第三节 香蕉条纹病毒（BSV）基因组结构特征

香蕉条纹病毒（BSV）基因组大小为 7.0 ～ 8.0 kb 的环状非共价闭合双链 DNA，典型的 BSV 在一条链上含有 3 个连续的 ORFs，其中前两个 ORFs 较小，第三个 ORF 较大，并且每个 ORF 之间存在 2 个碱基重叠（图 3-3）。由于 BSVs 病毒的种类不同，它们的 ORFs 大小也不一致。ORF Ⅰ大小为 399 ～ 927 bp，目前关于杆状 DNA 病毒 ORF Ⅰ基因及编码蛋白的研究多为血清学检测，而其功能研究较少，并且其功能尚未清楚。有报道表明，其同属的鸭跖草黄斑驳病毒（Commelina yellow mottle virus，ComYMV）的 ORF Ⅰ可能编码一种结构蛋白，推测该蛋白可能与病毒粒子相互结合。ORF Ⅱ的大小一般在 312 ～ 561 bp，是 3 个 ORFs 中最小的，ORF Ⅱ编码的蛋白的功能目前也不清楚。有报道表明，其同属的可可肿枝病毒（Cacao swollen shoot virus，CSSV）的 ORF Ⅱ可能编码一种核酸结合的蛋白，推测该蛋白可能与病毒核酸相结合或与病毒核衣壳结合。ORF Ⅲ大小一般在 5 100 ～ 6 500 bp，编码一个多聚蛋白，推测其被蛋白酶水解后产生多个与病毒生命周期相关的功能蛋白，分别为天冬氨酸蛋白酶（Aspartic protease，AP）、逆转录酶（Reverse transcriptase，RT）和 RNA 酶 H（Ribonuclease H，RNaseH）、运动蛋白（MP）和外壳蛋白（CP）。此外还有两个 RNA 结合区，分别为富含半胱氨酸的锌指状的 RNA 结合域（Cysteine-rich zincfinger-like RNA-binding region，RB）和第二个富含半胱氨酸编码域（Second cystein-rich region，2nd CR）。其中

ORF Ⅲ的 RT/RNase H 编码区是该属基因组中最保守的区域，而 AP 相对不保守，所以通常 RT/RNase H 结构域的核苷酸序列的同源性低于 80% 或者氨基酸序列的同源性低于 89% 认为该属的一个新种。

杆状 DNA 病毒与花椰菜花叶病毒（Cauliflower mosaic virus，CaMV）的 DNA 复制方式非常相似。因为杆状 DNA 病毒基因组为松弛状的环状双链 DNA，并且存在单链重叠，每条链上的缺口是 DNA 合成的起始位点，这说明它们是通过逆转录开始合成病毒正负链 DNA。在病毒反转录酶和核糖核酸酶 H 的作用下完成正链 DNA 的合成，最后通过 tRNA^{met} 合成负链 DNA。首先病毒的逆转录发生在病毒的衣壳内，接着由逆转录产生的初始 DNA 转移至寄主的细胞核中，自动修复了病毒基因组间的间断区，并且将超螺旋的 DNA 组分与组蛋白结合形成了微小的染色体；然后，微小的染色体 DNA 在宿主的 RNA 聚合酶的作用下转录产生末端 RNA，可作为病毒前基因组和多顺反子 mRNA；在病毒复制的最后一步，前基因组 RNA 利用逆转录酶反转录为第二链 DNA。

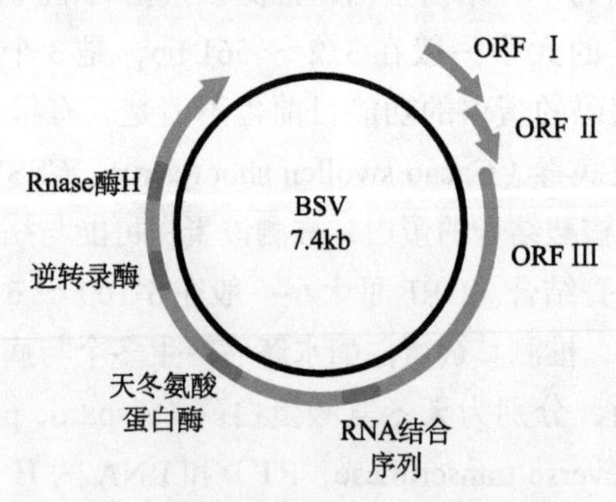

图 3-3 香蕉条纹病毒（BSV）基因组示意

参考文献

DUROY PO, CHABANNES M, ISKRA-CARUANA ML, et al., 2014. A possible scenario for the evolution of banana streak virus in banana[J]. Virus Research, 186: 155-162.

GEERING AD, MAUMUS F, COPETTI D, et al., 2014. Endogenous florendoviruses are major components of plant genomes and hallmarks of virus evolution[J]. Nature Communications, 5: 5269.

HOHN T, ROTHNIE H, 2013. Plant pararetroviruses: replication and expression[J]. Current Opinion in Virology, 3(6): 621-628.

QU R, BHATTACHARYYA M, LACO GS, et al., 1992. Characterization of the genome of rice tungro bacilliform virus: Comparison with Commelina yellow mottle virus and caulimoviruses[J]. Virology, 186(2): 798.

VO JN, CAMPBELL PR, MAHFUZC NN, et al., 2016. Characterization of the banana streak virus capsid protein and mapping of the immunodominant continuous B-cell epitopes to the surface-exposed N-terminus[J]. Journal of General Virology, 97(12): 3446-3457.

WU B, PAN R, LU R, et al., 1999. Deletion analysis and functional studies of the promoter from commelina yellow mottle virus[J]. Acta microbiologica Sinica, 39(1): 15-22.

第四节　香蕉苞片花叶病毒（BBrMV）基因组结构特征

香蕉苞片花叶病毒（BBrMV）基因组是一条正义单链RNA（+ssRNA），全长约10 knt，5′端结合VPg蛋白（Viral protein genome-linked，VPg），3′端有poly A结构，其基因组含有一个大阅读框（ORF），编码一个3 000多个氨基酸的多聚蛋白，翻译后被切割成10个活性蛋白，从N端到C端分别为P1蛋白酶（P1）、辅助成分—蛋白酶（Helper component-proteinase，HC-Pro）、P3蛋白、6K1蛋白、柱状内含体蛋白（Cylindrical inclusion protein，CI）、6K2蛋白、病毒基因组连接蛋白（Viral protein genome-linked，VPg）、核内含体蛋白酶a（Nuclear inclusion a-protease，NIa-Pro）、核内含体b（nuclear inclusion b，Nib）和外壳蛋白（CP）。BBrMV的基因组示意图见图3-4。

P1蛋白是病毒基因组复制中的一个辅助因子，在病毒复制中发挥重要作用。Hc-Pro蛋白作为蚜传辅助因子参与病毒蚜传过程，调节病毒在宿主体内的转移方面发挥作用，也是第一个被鉴定的RNA沉默抑制因子。P3蛋白参与病毒复制和移动，并在宿主范围和症状形成中发挥重要作用。6K1蛋白存在于复制体中并为病毒复制所必需的，但是其功能仍然不清楚。CI蛋白具有解旋酶活性，在感染植物细胞的细胞质和胞间连丝中积累在包涵体中。6K2蛋白是一种小的跨膜蛋白，其功能是将复制复合体锚定在内质网（ER）上。VPg蛋白连接到病毒基因组的5′端，是病毒复制和翻译的关键，能与 eIF4E 翻译起始因子的一个或几个亚型相互作用。另外，VPg 蛋白参与抑制宿主的 RNA 沉默。NIa-Pro 蛋白是一类丝氨酸样半胱氨酸蛋白酶，负责多聚蛋白中大多数位点的裂解，酶切作用位点通常在 Gln/Glu-Ser/Gly/Ala。NIb 蛋白是一类 RNA 导向的 RNA 聚合酶，参与抑制宿主的防御。CP 蛋白在病毒细胞运动、基因组复制、病毒粒子组装和虫媒传毒中起重要功能作用。

另外，基因组在 P3 蛋白基因编码框内还含有一个小的 ORF，以＋2 移码的方式翻译出一个 PIPO 蛋白（Pretty interesting potyviridae ORF）。PIPO 对病毒的细胞间移动是必不可少的。

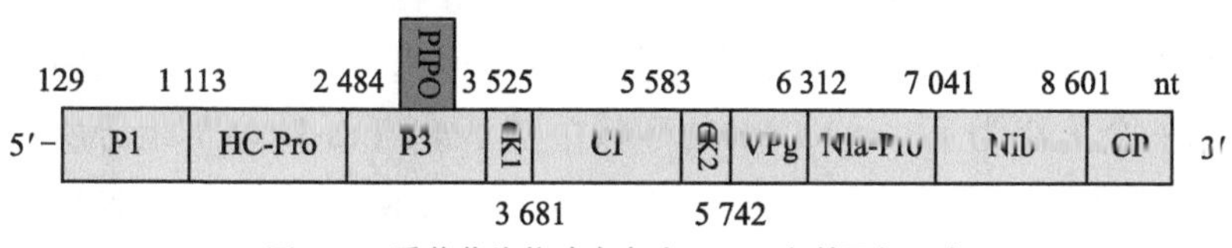

图 3-4　香蕉苞片花叶病毒（BBrMV）基因组示意

参考文献

INOUE-NAGATA AK, JORDAN R, KREUZE J, et al., 2022. ICTV virus taxonomy profile: *Potyviridae* 2022[J]. Journal of General Virology, 103(5): doi: 10.1099/jgv.0.001738.

SHI F, GAO F, SHEN J, et al., 2014. Sequence variation of P1 gene in potato virus Y isolated from Fujian Province[J]. Yi Chuan, 36(7): 713-722.

SOREL M, GARCIA JA, GERMAN-RETANA S., 2014. The *Potyviridae* cylindrical inclusion helicase: A key multipartner and multifunctional protein[J]. Molecular plant-microbe interactions, 27(3): 215-226.

VALLI AA, GALLO A, RODAMILANS B, et al., 2018. The HCPro from the *Potyviridae* family: An enviable multitasking helper component that every virus would like to have[J]. Molecular Plant Pathology, 19(3): 744-763.

第五节　麻蕉束顶病毒（ABTV）基因组结构特征

截至 2022 年 5 月，NCBI GenBank 数据库收录的麻蕉束顶病毒（ABTV）基因组仅有两个，分别来自马来西亚的 Q767 株系和菲律宾的 Q1108 株系。分析这两个株系的基因组特征，ABTV 基因组由 6 个大小为 1.0 ～ 1.1 kb 的环状单链 DNA（cssDNA）组分所组成，分别命名为 DNA-R、DNA-U3、DNA-S、DNA-M、DNA-C、DNA-N 组分，每个组分都由编码区和非编码区两部分构成（图 3-5）。目前，尚未发现和报道 ABTV 的卫星组分。

ABTV 各组分的非编码区也有 3 个同源序列，即主要共同区

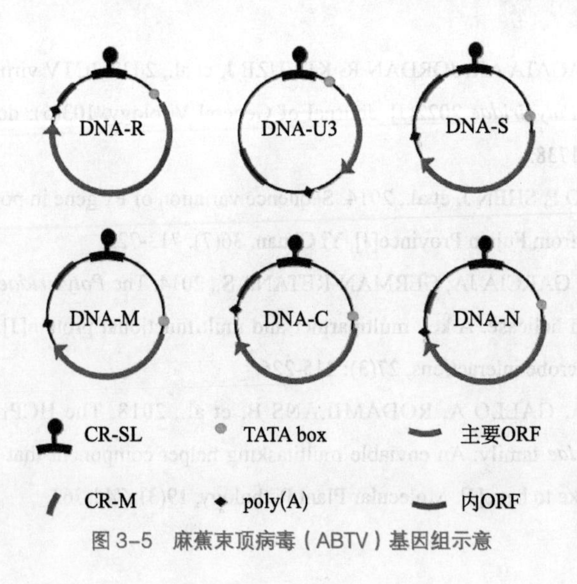

图 3–5　麻蕉束顶病毒（ABTV）基因组示意

（CR-M）、茎环共同区（CR-SL）以及潜在的 TATA box。TATA box 上有一个高度保守的 9 核苷酸序列（5′-CTATWWWWA-3′），是病毒启动子的重要元件之一。

除 DNA-U3 组分外，其他组分均编码一个病毒蛋白。DNA-R 组分编码复制起始蛋白（Rep）；DNA-S 组分编码外壳蛋白（CP）；DNA-M 组分编码运动蛋白（MP）；DNA-C 组分编码细胞周期连接蛋白（Clink）；DNA-N 组分编码核穿梭蛋白（NSP）。

参考文献

EREFUL NC, LALUSIN AG, LAURENA AC, 2022. RNA-Seq reveals differentially expressed genes associated with high fiber quality in abaca (*Musa textilis* Nee)[J]. Genes (Basel), 13(3): 519.

KUMAR PL, SELVARAJ R, ISKRA-CARUANA ML, et al., 2015. Biology, etiology, and control of virus diseases of banana and plantain[J]. Advances in Virus Research, 91(1): 229-269.

SHARMAN M, THOMAS JE, SKABO S, et al., 2008. Abaca bunchy top virus, a new member of the genus *Babuvirus* (family *Nanoviridae*)[J]. Archives of Virology, 153(1): 135-147.

THOMAS JE, GRONENBORN B, HARDING RM, et al., 2021. ICTV Virus taxonomy profile: *Nanoviridae*[J]. Journal of General Girology, 102(3): 001544.

第六节　香蕉轻型花叶病毒（BanMMV）基因组结构特征

香蕉轻型花叶病毒（BanMMV）基因组呈正单链 RNA，全长约为 7 300 nt，5′ 非编码区（5′UTR）长度约为 63 nt，含有 m^7G 帽子结构，3′UTR 大小约为 95 nt，含有 poly A 结构（图 3-6）。

目前，NCBI GenBank 数据库中已收录的 BanMMV 基因组有 3 个，其登记号分别为 AF314662.1、MT872724.1 和 MT872725.1。分析这 3 个基因组，BanMMV 含有 5 个开放阅读框（ORF），从 5′ 端到 3′ 端分别编码 RNA 依赖的 RNA 聚合酶（RNA-dependent RNA polymerase，RdRP）、TGB2 蛋白（Triple gene block protein 2）、TGB3 蛋白（Triple gene block protein 3）、TGB4 蛋白（Triple gene block protein 4）和 CP 蛋白。

RdRP 蛋白除了具有 RNA 依赖的 RNA 聚合酶功能外，还含有甲基转移酶和解旋酶的活性。TGB2 蛋白、TGB3 蛋白和 TGB4 蛋白参与病毒在植物细胞间的运动。CP 蛋白除了具有病毒外壳组装的功能外，还有结合核酸的能力和 RNA 沉默抑制子功能。

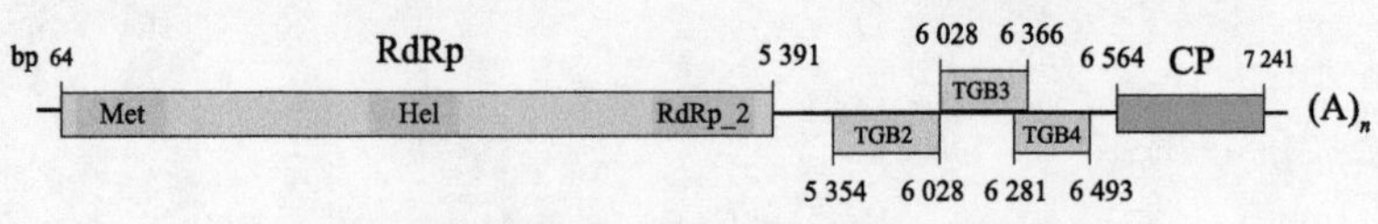

图 3-6　香蕉轻型花叶病毒（BanMMV）基因组示意

参考文献

GAMBLEY CF, THOMAS JE, 2001. Molecular characterisation of banana mild mosaic virus, a new filamentous virus in *Musa* spp.[J]. Archives of Virology, 146(7): 1369-1379.

KING AMD, ADAMS MJ, CARSTENS EB, et al., 2011. Viruse taxonomy: Ninth report of the International Committee on Taxonomy of Viruses [M]. Amsterdam: Elsevier Academic Press.

第七节 香蕉 X 病毒（BVX）基因组结构特征

香蕉 X 病毒（BVX）基因组为正单链 RNA（图 3-7）。目前，NCBI GenBank 数据库中已收录的 BVX 序列仅有 1 个（登记号 AY710267.1），大小在 2 917 nt。该序列包含了部分 RdRP 蛋白基因，以及完整的 TGB1 蛋白基因、TGB2 蛋白基因、TGB3 蛋白基因和 CP 蛋白基因，还包含了 84 nt 的 3′UTR 序列。

BVX RdRP 蛋白具有 RNA 依赖的 RNA 聚合酶、甲基转移酶和解旋酶等功能。与 BanMMV 病毒不同的是，BVX 编码 3 个参与病毒在植物细胞间的运动相关蛋白，分别为 TGB1 蛋白、TGB2 蛋白和 TGB3 蛋白。CP 蛋白除了具有组装病毒粒子的功能外，推测其还有结合核酸的能力和 RNA 沉默抑制子功能。

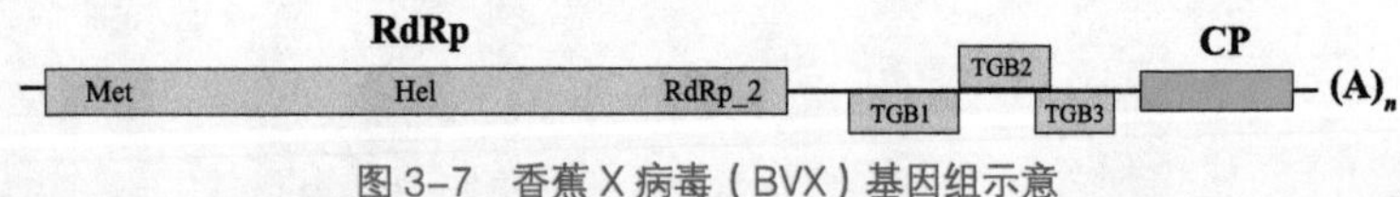

图 3-7 香蕉 X 病毒（BVX）基因组示意

参考文献

KING AMD, ADAMS MJ, CARSTENS EB, et al.，2011. Viruse taxonomy: Ninth report of the International Committee on Taxonomy of Viruses [M]. Amsterdam: Elsevier Academic Press.

TEYCHENEY PY, ACINA I, LOCKHART BE, et al., 2007. Detection of banana mild mosaic virus and Banana virus X by polyvalent degenerate oligonucleotide RT-PCR (PDO-RT-PCR)[J]. Journal of Virological Methods, 142(1-2): 41-49.

TEYCHENEY PY, MARAIS A, SVANELLA-DUMAS L, et al., 2005. Molecular characterization of banana virus X (BVX), a novel member of the *Flexiviridae* family[J]. Archives of Virology, 150(9): 1715-1727.

第八节　甘蔗花叶病毒 Ab 分离物（SCMV-Ab）基因组结构特征

甘蔗花叶病毒 Ab 分离物（SCMV-Ab），又名麻蕉花叶病毒（AbaMV），其基因组是正单链 RNA，5′ 端结合 VPg 蛋白，3′ 端有 poly A 结构（图 3-8）。目前，NCBI GenBank 数据库中已收录的 SCMV-Ab 序列仅有 3 个，登记号分别为 AY222743.1、AY434733.1 和 AY434731.1。AY222743.1 序列包含了 NIb 蛋白基因和 CP 蛋白基因；而 AY434733.1 和 AY434731.1 仅包含 CP 蛋白基因。

SCMV-Ab 基因组含有一个大阅读框（ORF），编码一个 3 000 多个氨基酸的大多聚蛋白，翻译后被切割成 10 个活性蛋白，从 N 端到 C 端分别为 P1、Hc-Pro、P3、6K1、CI、6K2、VPg、NIa-Pro、NIb 和 CP，这些病毒的蛋白功能参考香蕉轻型花叶病毒（BanMMV），这里不再详述。SCMV-Ab 基因组还含有一个小的 ORF，以＋2 移码的方式翻译出一个 PIPO 蛋白，是病毒细胞间移动必不可少的。

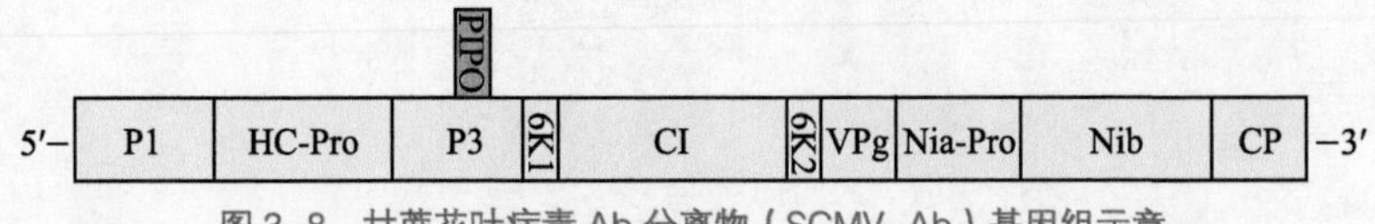

图 3-8　甘蔗花叶病毒 Ab 分离物（SCMV-Ab）基因组示意

参考文献

ELOJA AL, TINSLEY TW, 1963. Abaca mosaic virus and its relationship to sugarcane mosaic[J]. The Annals of Applied Biology, 51: 253-258.

Gambley CF, Thomas JE, Magnaye LV, et al., 2004. Abaca′ mosaic virus: A distinct strain of sugarcane mosaic virus[J]. Australasian Plant Pathology, 33: 475-484.

Kumar PL, Selvaraj R, Iskra-Caruana ML, et al., 2015. Biology, etiology, and control of virus diseases of banana and plantain[J]. Advances in Virus Research, 91(1): 229-269.

Wylie SJ, Adams M, Chalam C, et al., 2017. ICTV virus taxonomy profile: *Potyviridae*[J]. Journal of General Virology, 98(3): 352-354.

附　录　主要香蕉病毒基因组序列特征

附录A　香蕉束顶病毒（BBTV）基因组序列特征

■ Banana bunchy top virus isolate B2 DNA-R component (GenBank: MG545610.1)

```
00001 agcgctgggg cttattatta cccccagcgc tcgggacggg acatttgcat
00051 ctataaatag acctcccccc ccctccacta caagatcatc atcgtcgaca
00101 gaaatggcgc gatatgtggt atgctggatg ttcaccatca acaatcccgc
00151 ttcacttcca gcgatgcggg atgagtttaa atatatggta tatcaagtgg
00201 agaggggaca ggagggtact cgtcatgtgc aaggatacgt cgagatgaag
00251 agacgaagtt ctctgaagca gatgagaggc ttcttcccag gcgcacacct
00301 tgagaaacga aaggggagcc aagaagaagc acgggcgtac tgtatgaagg
00351 aagatacaag aatcgaaggt cccttcgagt ttggtgcttt taaattgtca
00401 tgtaatgata atttatttga tgtcatacag gatatgcgtg aaacgtataa
00451 acggcctctg gaatatttat atgagtgtcc taataccttc gatagaagta
00501 aggatacatt atacagagtg caagcagagt tgaataaaac gaaggcgatg
00551 agtagctgga agacatcctt tagttcatgg acatcagaag tagaaaatat
00601 aatggcgggg ccatgtcatc gacggataat ttgggtctac ggcccaaatg
00651 gaggtgaagg aaagacaaca tatgcaaaac atttaatgaa gacgaagaat
00701 gcgttttatt cgccaggagg aaaatcattg gatatatgta gattgtataa
00751 ttatgaggat atagttatat ttgatattcc cagatgcaaa gaggaatatt
00801 taaactacgg tttattagaa gaatttaaaa atggaattat tcaaagcggg
00851 aaatatgaac ccgttttgaa aattgtagaa tatgttgaag tcattgtaat
00901 ggctaacttc cttccgaagg aaggaatctt ttctgaagat cgaataaagc
00951 tagttgcttg ttgaacacgc tatgccaatc gtacactatg acaaaagggg
01001 aaaagcaaag attcggggt tgattgtgct atcctaacga ttaaggccg
01051 caggcccgtc aagatggacg acgcgatcat atgtcccgag ttagtgcgcc
01101 acgta
```

CDS（编码序列）

<104..964
/note="Rep; DNA-R"
/codon_start=1
/product="replication initiation protein(复制起始蛋白)"
/protein_id="AZL93958.1"
/translation="MARYVVCWMFTINNPASLPAMRDEFKYMVYQVERGQEGTRHVQG
YVEMKRRSSLKQMRGFFPGAHLEKRKGSQEEARAYCMKEDTRIEGPFEFGAFKLSCND
NLFDVIQDMRETYKRPLEYLYECPNTFDRSKDTLYRVQAELNKTKAMSSWKTSFSSWT
SEVENIMAGPCHRRIIWVYGPNGGEGKTTYAKHLMKTKNAFYSPGGKSLDICRLYNYE
DIVIFDIPRCKEEYLNYGLLEEFKNGIIQSGKYEPVLKIVEYVEVIVMANFLPKEGIF
SEDRIKLVAC"

■ Banana bunchy top virus isolate B2 DNA-U3 component (GenBank: MG545611.1)

00001 agcacggggg actattatta cccccgtgc tcgggacggg acatgggctt
00051 tttaaatggg ccgagagagt ttgaacagtt cagtatcttc gttattgggc
00101 catctggccc aataattaag agaacgtgtt caaaatctgg gtttgaccga
00151 aggtcaaggt agatggtcaa caatattctg gcttgcggag caagctacac
00201 gaattaatat tttaattcgt aggacacgtg gacggaccga aatacttccg
00251 atctctataa atagcctaaa tctgttattg ataatagctc tcgctcttct
00301 gtcaaagttg ttgtgctgag gaggaagatc gccaccggcg atcatcggac
00351 ggaaagcgtc aagagagacg gagaatcatg ctgcgaagcg tatatcgggt
00401 atttatagac ttctagcgca gctagaagtt tcgttgtatt tgatattgta
00451 ttttgtaaat tacgaagaaa ttcgtataat gatattaata aaacaactgg
00501 gattgttcat gtttacatta actagtatca aaaaatgcac aatttaaata
00551 ttgtataagg aacttataca atatatatta cactatgttg agcgtagcgt
00601 gataaacagg tgtttaggta taattaaaat aattatgtca tgtaaagata
00651 atactgaaca tgttaaagta tgaggtgaaa gaggaggtat tagaatatta
00701 aaaacccaat tatattatgt atcatgacaa gcgtacgcta tgacaaaaag
00751 ggaaaaatga aaaatcaggg gttgattgtg ctatcctaac gattaagggc
00801 cgcaggcccg tcaagttgga tgaacggtta gatttgattg cttagccacg
00851 aaggaaggaa tctttttggg accacagaca agacagctgt cattgtttta
00901 aaaataatat aataactaat tgacaattgt acccctcact aacaagataa

```
00951 taacgatagt acccctaact agcgtgatgt atgtgaatca gaacaccact
01001 ttagtggtgg gccatatgtc ccgagttagt gcgccacgta
```

CDS（编码序列）

None.

■ Banana bunchy top virus isolate B2 DNA-S component (GenBank: MG545612.1)

```
00001 agcgctgggg cttattatta cccccagcgc tcgggacggg acatgggcta
00051 atggatgatg gatatagggc ccatcgggcc cgttaagatg ggtttgggc
00101 ttctgggcta aatccagaag accaaaaaca ggcgggaacc gtccaaattt
00151 caaacataga ttgcttgccc tgcaagccat ctagaagtct atatatacca
00201 gtgtcgacat attgtctaga tatgaaatgg cgaggtatcc gaagaaatcg
00251 atcaagaaga ggcgggttgg caggaggaag tatggaagca aggcggcaac
00301 aagccacgac tactcgtcgt taggatcaat attggttcct gaaaataccg
00351 tcaaggtatt taggattgag cctactgata aaacattacc cagatatttt
00401 atctggaaaa tgtttatgct gttggtgtgc aaggtgaagc ccggaagaat
00451 acttcactgg gctatgatta aaagttcttg ggaaatcaac cagccgacta
00501 catgtctgga agcaccaggt ttatttataa aacctgaaca tagccatctg
00551 gttaaactgg tatgcagtgg ggaactactt gaagcaggag tcgcaacagg
00601 gacatcagat gttgaatgtc ttcttaggaa gacaaccgtg ttgaggaaaa
00651 atgtagcaga ggtggattac ttgtatttgg catttattg tagtgctgga
00701 gttagtatta actaccagaa cagaattaca tatcatgtat gatatgttta
00751 tgtaaacata aacctttgta aggaataatg tccaaataac atacaacacg
00801 ctatgacaaa aggggaaaaa tgaagaatcg ggggttgatt ggtctatcgt
00851 atcgcttaag ggccgcaggc ccgttgaaat gattctttat taaacaaata
00901 tacatgatac ggatagttga atatataaac aactatgtat aaatacaaca
00951 gaatgttgaa aataattaat ataatgagaa ggaaggtata tttgtgacgg
01001 ataaggatga gaaccaccac tttagtggtg ggtcatatgt cccgagttag
01051 tgcgccacgt a
```

CDS（编码序列）

<227..742
/note="CP; DNA-S"
/codon_start=1

/product="coat protein(外壳蛋白)"
/protein_id="AZL93959.1"
/translation="MARYPKKSIKKRRVGRRKYGSKAATSHDYSSLGSILVPENTVKV
FRIEPTDKTLPRYFIWKMFMLLVCKVKPGRILHWAMIKSSWEINQPTTCLEAPGLFIK
PEHSHLVKLVCSGELLEAGVATGTSDVECLLRKTTVLRKNVAEVDYLYLAFYCSAGVS
INYQNRITYHV"

■ Banana bunchy top virus isolate B2 DNA-M component (GenBank: MG545613.1)

```
00001 agcgctgggg cttattatta cccccagcgc tcgggacggg acatcacgtg
00051 caacttaaaa atgcacgtga ctgatatata tgataaaacg gtttattgaa
00101 ccgttatgtt gagatataac gaaaagtcac gtatgaaaga gacatgaacg
00151 tgacggagtc aaatgtattg aataaacatt tgacgtccgg aaacttccga
00201 aggaagccat gattgcttcg aggcgaagca aatcatttat atattggtct
00251 gaactgctgc ctataaataa gaggcaggga aatggcattg acaacagagc
00301 gggtgaaaca attctttgaa tggtttctgt ttattggagc aatattcgtt
00351 gcgataacaa tattatatat attgttggca ttgctctttg aggttcccaa
00401 gtatattaag gaggttgtta ggtatctcgt agaatacctg accagacgac
00451 gtgtatggat gcagaagacg cagttgacgg aggcaaccgg agatgtagag
00501 ctcgtcagag gtagtgtgga agacagacgc gatcaacaac cggctgtcat
00551 accacatgcg agtcatgtta tccattctca accaagaagg gatgaacaag
00601 caagacgagg aaacgccggc cctatgtttt aatacactgt atcataatat
00651 acgaaatata aatggttaag gatatctagt gtcaaacata tataagtgaa
00701 acataatata tgttgtataa gaaacatatt gtaatatgtg acttgtatac
00751 gagtgttgta tttataaact atacaacacg ctatgacaaa aggggaaaaa
00801 tgaagaatcg ggggttgatt ggtctatcgt atcgcttaag ggccgcaggc
00851 ccgttgaaat gattctttat taaacaaata tacatgatac ggatagttga
00901 atatataaac aactatgtat aaatacaaca gaatgttgaa aataattaat
00951 ataatgagaa gataagtata tttgtacggg atagtgatca caaacaccac
01001 tttagtggtg ggtcatatgt cccgagttag tgcgccacgt a
```

CDS(编码序列)

<282..632
/note="MP; DNA-M"
/codon_start=1

/product="movement protein(运动蛋白)"
/protein_id="AZL93960.1"
/translation="MALTTERVKQFFEWFLFIGAIFVAITILYILLALLFEVPKYIKE
VVRYLVEYLTRRRVWMQKTQLTEATGDVELVRGSVEDRRDQQPAVIPHASHVIHSQPR
RDEQARRGNAGPMF"

■ Banana bunchy top virus isolate B2 DNA-C component (GenBank: MG545614.1)

00001 agcgctgggg cttattatta cccccagcgc tcaggacggg acatcacgtg
00051 catttaacaa atgcacgtga gaaggcagtt gcttgcagcg aaagataact
00101 atcaacatca aaaaagaaga gggcatattc gttgcttcga gacgaagcaa
00151 cggtgataga taaatgttcg agattcgata atggaggcta tttaaacctg
00201 atggtgttgt gatttccgaa atcactcatc ggaggagaat ggaattctgg
00251 gaatcgtctg ccatgccaga cgatgtgaag agagtgatca aggaaatata
00301 ttgggaagat cggattaaac ttctgttttg tcagaagttg aagtgctgtg
00351 tcagaaggat tcttgtatat ggagatcaag atgatgctct agctgcagtg
00401 aaggatatga agactcctat cactcgttgt agcgaacatc tgaagaaacc
00451 atgtgtggta atatgttgtt tgactaataa gtctattgtt catagttaa
00501 acacaatggt gttcttttat catgaatata tggaagacct aggtggtgac
00551 tactcggtat atcaagagtt gtattgtgat gaggaacttc ctgcttcctt
00601 gacagaggaa gaagatgaag aagtaatata caggaatgtt attatgtcat
00651 cgacagaaga gaagatctct tggagtgaat gtcagaagat agtcatatcg
00701 gattatgatg taacattact gtaatgtaat atccattatc ataaataaaa
00751 taatggtatg atgattatgt atttaaacta aatacataat ggtgtacgta
00801 tagcataaaa tacattaaca tacatacaac acactatgac aaaaagggaa
00851 aaaagaagaa tcgggggttg attgggctat cttaacgatt aagggccgaa
00901 ggcccgttta aatatgtgtt ggacgaagtc caaaacacat aaaagtcatc
00951 agaacagtgg aatataatga gctggcagtg gcgggtccat gtcccgagtt
01001 agtgcgccac gtg

CDS(编码序列)

<239..724
/note="Clink; DNA-C"
/codon_start=1
/product="cell cycle link protein(细胞周期连接蛋白)"

/protein_id="AZL93961.1"
/translation="MEFWESSAMPDDVKRVIKEIYWEDRIKLLFCQKLKCCVRRILVY
GDQDDALAAVKDMKTPITRCSEHLKKPCVVICCLTNKSIVHRLNTMVFFYHEYMEDLG
GDYSVYQELYCDEELPASLTEEEDEEVIYRNVIMSSTEEKISWSECQKIVISDYDVTL
L"

■ Banana bunchy top virus isolate B2 DNA-N component (GenBank: MG545615.1)

00001 agcacggggg actattatta ccccccgtgc tcgggacggg acatgacgta
00051 agcatagatt ataatgggct ttttaaagcc catataaggg aagtgggccg
00101 ggtttgagac atatttcgaa agcccggctt ggaaaaggat aaagtcacgt
00151 tccgaataat aggttgcttc gccgcgaagc aacctaataa attgttgcgt
00201 attcaatacg caactaaaag tctattaata tgcctgtctc tgccgaataa
00251 atcagagcgt atgcgaagca gaagcgatgg attgggcaga atcacaattc
00301 aagacatgta cccatggctg tgattggaag acgatatcat cggattcatc
00351 ggaaaatcgg caatatgtac cttgcgtcga ctctggtgtt ggaagaaaga
00401 cgcctcgcaa ggtacttctt cgatctatcg aagttgtatt caatggaagt
00451 tttaaaggga ataatcggaa tgttcgtggc ttcttatacg tatcaatccg
00501 agacgatgat ggaacaatgc gtccagtact tatagtacca tttggaggat
00551 atggatatca taatgatttt tattatttcg aagggaaggg gaaagttgaa
00601 tgtgatatat catcagatta tgttgcgcca gaagtagatt ggagcagaga
00651 catggaagtt agtattagta acagcaacaa ctgtaatgaa tcatgtgatc
00701 tgaagtgtta tgttatttgt tcgttaagaa taaaggaata acagatgtgc
00751 tgtaatgaat attaataaat cttattttta atgtaagtga aagttgtata
00801 aaacatacaa cacgctatga caaaagggga aaaatgaaaa ataaggggtt
00851 gattgttcta tagtatcgct taagggccgc aggcccgttg aaaaataata
00901 atcgaattat atacgattga taataatcag agatagatga tcaaggatat
00951 ataaacatag acgaagtata tggctgtata atataaaaga agcatataat
01001 ataaaatatg tatactattc tctgattggt gcagaaagta gacccactaa
01051 ctttaagtta gtggaaatgt cccgatgacg tg

CDS（编码序列）

<277..741
/note="NSP; DNA-N"
/codon_start=1

/product="nuclear shuttle protein(核穿梭蛋白)"

/protein_id="AZL93962.1"

/translation="MDWAESQFKTCTHGCDWKTISSDSSENRQYVPCVDSGVGRKTPR
KVLLRSIEVVFNGSFKGNNRNVRGFLYVSIRDDDGTMRPVLIVPFGGYGYHNDFYYFE
GKGKVECDISSDYVAPEVDWSRDMEVSISNSNNCNESCDLKCYVICSLRIKE"

■ Banana bunchy top virus isolate B2 Sat4 component (GenBank: MG545616.1)

00001 tgggctagta ttacccacct ccgcgcacta cctccgcgca cctataaaat
00051 gtctgcctct cgatggacat ttacgcttca ctattccgac gcaacggagc
00101 gaggcaaatt cctcgcgact ttgaaggagg aagatgtgca ctacgccgtc
00151 gtcggcgacg aaactgctcc gaatactggt cggaaacatc ttcaaggata
00201 tctttccttg aagaaacgtt ttcgtattag cggaataaag aagaaatatt
00251 cgtcgagagc gcattgggag aaagctcgag gatcagatta cgacaacaag
00301 gcgtactgtt ctaaagaagc cctaattctt gaattagggg ttccttgcca
00351 aacaggttcg aataagcgta aattagcaga tatggttaca agatcgccgg
00401 aacgaatgaa aatcgaacag ccggagatat ttcaccgata cgaatcggtg
00451 aagaagatga aagaattcaa agaaaggtat gtctatccta tcctcgatag
00501 gccatggcag gtacaattaa cggagttaat tgaagcagaa cctgatgatc
00551 gaacgatcat ctgggtattc ggaccaaaag ggaatgaagg caaatcaacg
00601 tatgcgaagt cattaatcca aaaggattgg ttctacacaa ggggaggaaa
00651 gaaggagaac atattgttcg cctacgtaga tgaaggttcg acaaaaaacg
00701 ttgtatttga tcttccgcgt acagtacaag aatttattaa ttatgatgtt
00751 atcgaggcac tgaaagatag agtaatcgag agtacaaaat acaagcctgt
00801 gaagtattta gagttgaatt ctgtacatgt aatagttatg gctaatttc
00851 tgcctgatat gtgtaaaata tctgaagatc gaataaagat agttgcttgc
00901 tgaacacgct atgacaatcg tacgctatga caaaagggga aaaatgaaga
00951 atcgggggtt gattgggcta tcctaacgaa taagggccgc aggcccgtta
01001 agatggatcc ttataacccg ttaagaagct aaacggtct aaaacgattg
01051 cttcgcccgc aagcaacacc tttaacctct gcgcacctat atatagcgga
01101 gg

CDS(编码序列)

<49..903

/note="RepA; Sate 4"

/codon_start=1
/product="assistant replication initiation protein
(复制起始辅助蛋白)"
/protein_id="AZL93963.1"
/translation="MSASRWTFTLHYSDATERGKFLATLKEEDVHYAVVGDETAPNTG
RKHLQGYLSLKKRFRISGIKKKYSSRAHWEKARGSDYDNKAYCSKEALILELGVPCQT
GSNKRKLADMVTRSPERMKIEQPEIFHRYESVKKMKEFKERYVYPILDRPWQVQLTEL
IEAEPDDRTIIWVFGPKGNEGKSTYAKSLIQKDWFYTRGGKKENILFAYVDEGSTKNV
VFDLPRTVQEFINYDVIEALKDRVIESTKYKPVKYLELNSVHVIVMANFLPDMCKISE
DRIKIVAC"

■ Banana bunchy top virus isolate B2 NewSate2 component (GenBank: MG545617.1)

00001 ggcagagggc atagtattac ccctctgcct tacacctctg ccttacacct
00051 gacgtcatca tatggcgtcc tctaaatggt gcttcactct gaattattcc
00101 tccgcagccg agagagaaga ctttctctcg cgtctgaagg aggaggatgt
00151 tcactacgcg gtggtcggcg acgaagtcgc tccgagctcc ggccagaagc
00201 acctacaggg atatctatcc ctgaaaaaag gaatccgttt aggcggattg
00251 aagaagaggt actcttcgaa ggctcactgg gagatcgcga gaggaacaga
00301 cgaacagaat cgtggatact gttcgaagga aaccctagtt cttgaactgg
00351 gaacgcctgt agttccaagg tctaataagc gtaagctaat ggagcgttat
00401 agagaagacc ctgaagaatt gaagatggat gatccttcca agtatcgcag
00451 atgcttggca gcggattcaa tcgagaaagc cagaaataat tctaaatggg
00501 ttcacgaact aagagaatgg cagaatcaat taattcaaca catcgaaggt
00551 gttcctgatg atcgaagtat catctgggtc tacggtccag ccggaggcga
00601 aggtaagtca accttcgcga gatacttatc attaaaaccc ggatggggat
00651 atatcaatgg gggaaagacc tcggatatga tgcacatcat aacgatggat
00701 gcggataatc attggattat agatattccc agaagtaatt cagagtatct
00751 gaattacggc gttatagaac agattaagaa tagagtttta ataaatacga
00801 agtatgaacc atgtgtgatt agaaaagacg gacagaatgt ccatgtaatt
00851 gtgatggcaa atgtgttgcc tgattattgt aaaatatcag aagatagaat
00901 aaaaataatt aattgttgaa atacattact tcttcgccaa gcaaccgcgt
00951 gaagaaaccg cgtggacccc accactacaa taacacgcta tgccgtacaa
01001 cgaagtcatc aatatattta ttattaaaat attgggccga aggcccaata
01051 aggatgtcgg tggcactgtt gcctgccaca cactatataa a

CDS（编码序列）

<62..919
/note="RepA; NewSate 2"
/codon_start=1
/product="assistant replication initiation protein
(复制起始辅助蛋白)"
/protein_id="AZL93964.1"
/translation="MASSKWCFTLNYSSAAEREDFLSRLKEEDVHYAVVGDEVAPSSG
QKHLQGYLSLKKGIRLGGLKKRYSSKAHWEIARGTDEQNRGYCSKETLVLELGTPVVP
RSNKRKLMERYREDPEELKMDDPSKYRRCLAADSIEKARNNSKWVHELREWQNQLIQH
IEGVPDDRSIIWVYGPAGGEGKSTFARYLSLKPGWGYINGGKTSDMMHIITMDADNHW
IIDIPRSNSEYLNYGVIEQIKNRVLINTKYEPCVIRKDGQNVHVIVMANVLPDYCKIS
EDRIKIINC"

附录 B　黄瓜花叶病毒（CMV）基因组序列特征

■ Cucumber mosaic virus segment RNA 1 (GenBank: D00356.1)

```
00001 gtttatttac aagagcgtac ggttcaatcc ctgcctcccc tgtaaaacta
00051 ccctttgaaa acctctcttt cttaatcttt tctttgtaat tcctatggcg
00101 acgtcctcgt tcaacatcaa tgaattggta gcctcccacg gcgataaagg
00151 actactcgcg accgccctcg ttgataagac agctcatgag cagctcgagg
00201 agcaattaca gcatcaacgt agaggccgta aggtctacat ccggaacgtt
00251 ttgggtgtaa aggattccga ggtcatccgg aatcggtatg gaggaaagta
00301 cgacctccat cttacccagc aggagtttgc tccccacggc ctagctggtg
00351 ccctccgctt gtgtgaaact ctcgattgtc tagactcttt cccttcatca
00401 ggtctgcggc aggacctcgt cttagacttc ggaggaagtt gggtcacaca
00451 ttacctccgc ggacataacg tacactgttg ttccccttgt ttgggtatcc
00501 gcgataagat gcgccatgcg gaacgcttaa tgaacatgcg caagatcatc
00551 ttgaacgatc cacaacagtt cgatggtcgg cagccggatt tctgcactca
00601 accggctgcg gattgcaaag tacaagccca ctttgctata tctattcatg
00651 gaggttatga tatgggcttt agaggattat gtgaagcgat gaatgctcac
00701 ggaaccacta ttttgaaggg aacgatgatg ttcgatggtg cgatgatgtt
00751 tgacgaccaa ggtgtaatac ccgaacttaa ttgtcagtgg aggaagatca
00801 ggagtgcttt ctccgaaact gaagacgtca caccactggt tggtaagctt
00851 aattccacag ttttctcccg cgtgcggaag ttcaagacga tggtagcttt
00901 tgatttcatc aacgagtcta ctatgtctta tgttcatgat tgggagaata
00951 taaaatcttt tcttacggac cagacttatt cgtaccgagg gatgacttac
01001 ggtatcgaac gctgcgttat ccacgctggt attatgacgt acaagattat
01051 cggtgtacct gggatgtgcc cacccgaact cattcgacat tgtatttggt
01101 tcccctctat taaagactat gttggtctaa agatccccgc gtcgcaggat
01151 ttggttgagt ggaaaacagt gcggatttta acgtcaacat tacgtgagac
01201 tgaagagatt gctatgaggt gttataatga taagaaagcg tggatggaac
01251 agttcaaggt tatcctaggt gttctatccg cgaaatcatc taccattgtt
```

01301 attaatggta tgtccatgca atctggcgag cgaatagaca ttaatgatta

01351 tcactacatc ggtttcgcca ttcttcttca cacaaaaatg aagtacgaac

01401 aacttggaaa aatgtatgat atgtggaatg cttcgagtat ttcgaagtgg

01451 tttgccgcgt tgactcgtcc gctgcgtgtg tttttctcca gtgttgttca

01501 cgcactattc ccgactttga gaccccgcga ggaaaaagaa ttttgatca

01551 agctctccac cttcgtgact tttaatgaag agtgctcatt tgacggtgga

01601 gaggaatggg acgtgatatc atccgctgca tacgttgcta cgcaggctgt

01651 taccgatggg aagatttgg ctgcgcagaa agccgagaag cttgctgaga

01701 agcttgcaca acccgtgagt gaggtatcgg acagtcctga gacgtcatct

01751 caaacgcctg atgatactgc tgatgtttgt ggaagggagc gagaggtttc

01801 ggaactcgac tccctatcag ctcagacacg ttcccccatc actagagttg

01851 ctgaaagggc tactgctatg ttagagtatg ccgcttatga gaaacaattg

01901 cacgacacta cagtgtctaa tttaaaacgt atttggaaca tggcgggcgg

01951 tgatgacaaa agaaactccc tcgagggtaa tttgaagttt gttttcgata

02001 cgtactttac cgttgatcct atggtgaaca ttcatttctc cacgggtcgg

02051 tggatgcgtc ctgtgcccga gggtattgtt tattctgtcg gttataatga

02101 acgcggttta ggtccgaagt ctgatggaga gctttacatt gtcaatagtg

02151 aatgcgtgat ctgtaacagt gaatctttat ccactgtcac gcgttctctt

02201 caagctccaa ccgggaccat tagtcaagtt gacggagttg ctggttgtgg

02251 gaaaaccacg gcaattaaat ccattttga gccgtccact gacatgatcg

02301 ttaccgcgaa caagaagtcc gcccaagatg tacgtatggc actttcaaa

02351 tcgtcggatt ccaaagaagc ttgcaccttt gttcgaacag ccgattctgt

02401 cctacttaat gaatgtccga ctgttagtag ggtttggtt gacgaggtcg

02451 ttctgctaca ctttggtcaa ttatgtgccg tcatgtctaa gttgaaggcc

02501 gtgcgagcta tatgtttgg ggattcggag cagattgcct ttcctcgcg

02551 tgatgcttca tttgacatgc gtttctctaa gattattcct gatgaaacta

02601 gtgatgctga caccacattc cgtagcccac aagatgttgt accgcttgtg

02651 cgtttaatgg ctacgaaggc ccttccgaaa ggaacccatt caaatacac

02701 gaaatgggtt tctcaatcta aagtgaaaag atctgttaca tctcgtgcca

02751 tcgctagtgt gacattggtt gacttggatt cttccaggtt ctatataacg

02801 atgacccaag ctgataaggc ctcactgatt tcaagggcga aagagatgaa

02851 tctaccaaag actttctgga atgaaaggat taaaaccgtg catgagtctc

02901 agggtatctc cgaagaccac gttactttgg taagattaaa gagtacaaaa

02951 tgtgacctgt ttaaacagtt ttcttattgt ctcgttgcac tgacgagaca

03001 caaggtcaca ttccgctacg agtactgtgg tgtattgaac ggcgatttaa

03051 tcgccgaatg tgttgctcgt gcttagcggt ctccctcttc gggcgggatc

```
03101 tgagttggcg gtaatctgca aaccgtctga agtcactaaa cacattgtgt
03151 ggtgaacggg ttgtccatcc agctaacggc taaaatggtc agtcgtggag
03201 aaatccacgc cagtagactt acaagtctct gaggcacctt tgaaaccatc
03251 tcctaggttt cttcggaagg acttcggtcc gtgtacttct agcacaacgt
03301 gctagtttca gggtacgggt gcccccact ttcgtggggg tctctaaaag
03351 gagacca
```

CDS（编码序列）

```
<95..3076
/note="unnamed protein product; 993 aa;
open reading frame"
/codon_start=1
/protein_id="BAA00264.1"
/translation="MATSSFNINELVASHGDKGLLATALVDKTAHEQLEEQLQHQRRG
RKVYIRNVLGVKDSEVIRNRYGGKYDLHLTQQEFAPHGLAGALRLCETLDCLDSFPSS
GLRQDLVLDFGGSWVTHYLRGHNVHCCSPCLGIRDKMRHAERLMNMRKIILNDPQQFD
GRQPDFCTQPAADCKVQAHFAISIHGGYDMGFRGLCEAMNAHGTTILKGTMMFDGAMM
FDDQGVIPELNCQWRKIRSAFSETEDVTPLVGKLNSTVFSRVRKFKTMVAFDFINEST
MSYVHDWENIKSFLTDQTYSYRGMTYGIERCVIHAGIMTYKIIGVPGMCPPELIRHCI
WFPSIKDYVGLKIPASQDLVEWKTVRILTSTLRETEEIAMRCYNDKKAWMEQFKVILG
VLSAKSSTIVINGMSMQSGERIDINDYHYIGFAILLHTKMKYEQLGKMYDMWNASSIS
KWFAALTRPLRVFFSSVVHALFPTLRPREEKEFLIKLSTFVTFNEECSFDGGEEWDVI
SSAAYVATQAVTDGKILAAQKAEKLAEKLAQPVSEVSDSPETSSQTPDDTADVCGRER
EVSELDSLSAQTRSPITRVAERATAMLEYAAYEKQLHDTTVSNLKRIWNMAGGDDKRN
SLEGNLKFVFDTYFTVDPMVNIHFSTGRWMRPVPEGIVYSVGYNERGLGPKSDGELYI
VNSECVICNSESLSTVTRSLQAPTGTISQVDGVAGCGKTTAIKSIFEPSTDMIVTANK
KSAQDVRMALFKSSDSKEACTFVRTADSVLLNECPTVSRVLVDEVVLLHFGQLCAVMS
KLKAVRAICFGDSEQIAFSSRDASFDMRFSKIIPDETSDADTTFRSPQDVVPLVRLMA
TKALPKGTHSKYTKWVSQSKVKRSVTSRAIASVTLVDLDSSRFYITMTQADKASLISR
AKEMNLPKTFWNERIKTVHESQGISEDHVTLVRLKSTKCDLFKQFSYCLVALTRHKVT
FRYEYCGVLNGDLIAECVARA"
```

■ Cucumber mosaic virus segment RNA 2 (GenBank: D00355.1)

```
00001 gtttatttac aagagcgtac ggttcaaccc ctgcctcccc tgtaaaactc
```

```
00051 cctagactta aatcttttct ttctagtatc ttttctatgg ctttccctgc
00101 ccccgcattc tcactagcca atcttttgaa cggcagttac ggtgtcgaca
00151 ctcccgagga tgtggaacgt ttgcgatctg agcaacgcga agaggctgct
00201 gcggcctgtc gtaattacag gcccctaccc gctgtggatg tcagcgagag
00251 tgtcacagag gacgcgcatt ccctccgaac tcctgacgga gctcccgctg
00301 aagcggtgtc tgatgagttt gtaacttatg gtgctgaaga ttaccttgaa
00351 aaatctgatg atgagctcct tgtcgctttt gagacgatgg tcaaacccat
00401 gcgtatcgga caactatggt gccctgcgtt taataaatgt tcttttattt
00451 ccagcattgc tatggccaga gctttgttgt tggcacctag aacatcccac
00501 cgaaccatga agtgttttga agacctggtc gcggctattt acactaaatc
00551 tgatttctac tacagtgaag agtgtgaagc cgacgacgct cagatagata
00601 tctcgtctcg cgatgtaccc ggttattctt tcgaaccgtg gtcccgaacg
00651 tctggatttg aaccgccgcc catttgtgaa gcgtgcgaca tgatcatgta
00701 ccagtgcccg tgttttgatt ttaatgcttt aaagaaatcg tgcgctgaga
00751 ggaccttcgc tgatgattat gttattgaag gtttagatgg tgttgttgat
00801 aatgcgactc tgttgtcgaa tttgggtcca tttttggtac ccgtgaagtg
00851 tcaatatgaa aaatgtccaa cgccaaccat cgcgattcct ccggatttaa
00901 accgtgctac tgatcgtgtt gatatcaatt tagttcaatc catttgtgac
00951 tcgactctgc ccactcatag taattacgac gactcttttc atcaagtgtt
01001 cgtcgaaagt gcagactatt ctatagatct ggatcatgtt agacttcgac
01051 agtctgatct tattgcaaaa attccagatt cagggcatat gataccggtt
01101 ctgaacaccg ggagcggtca caagagagta ggtacaacga aggaggtcct
01151 tacagcaatt aagaaacgta atgctgacgt tccagagcta ggtgattccg
01201 ttaatttgtc tagattgagt aaagctgtgg ctgagagatt cttcatttca
01251 tacatcaatg gtaactctct agcatccagt aactttgtca atgtcgttag
01301 taacttccac gattacatgg aaaaatggaa gtcctcaggt ctttcttatg
01351 atgatcttcc ggatcttcat gctgagaatt tgcagtttta tgaccacatg
01401 ataaaatccg atgtgaaacc tgtggtgagc gacacactca atatcgacag
01451 accggttcca gctactataa cgtatcataa gaagagtata acctcccagt
01501 tctcaccgtt attcacagcg ctattcgagc gcttccagag atgccttcga
01551 gaacgtatta ttcttcctgt tggtaagatt tcatcccttg agatggcagg
01601 atttgatgtc aagaacaagc actgcctcga gattgacctg tctaagtttg
01651 ataagtctca aggtgaattt cacttgctaa tccaggaaca cattttgaat
01701 ggtctaggat gtccagctcc gataactaag tggtggtgtg atttccatcg
01751 attctcttac attagagacc gtagagctgg tgttggtatg cctattagtt
01801 tccagagacg aactggcgat gcactcactt atttggcaa taccatcgtc
```

01851 accatggctg agtttgcctg gtgttatgac accgaccaat tcgaaaagct
01901 tttattctca ggcgatgatt ctctaggatt ttcactgctt ccccctgttg
01951 gtgacccgag taaattcaca actcttttca acatggaagc taaggtgatg
02001 gaacctgccg taccatatat ttgttcgaag ttcttactct ctgacgagtt
02051 cggtaacaca ttttccgttc cagatccatt gcgcgaggtt cagcggttag
02101 gaacaaagaa aattccctat tctgacaatg atgaattctt gtttgctcac
02151 ttcatgagct ttgttgatcg attgaagttt ttggaccgaa tgtctcagtc
02201 gtgtatcgat caactttcga ttttcttcga attgaaatac aagaagtctg
02251 gggaagaggc tgctttaatg ttaggcgcct ttaagaagta taccgctaat
02301 ttccagtcct acaaagaact ctattattca gatcgtcgtc agtgcgaatt
02351 gatcaattcg ttttgtagta cagagttcag ggttgagcgt gtaaattcca
02401 acaaacagcg aaagaattat ggaattgaac gtaggtgcaa tgacaaacgt
02451 cgaactccaa ctggctcgta tggtggaggc gaagaagcag agacgaaggt
02501 ctcacaaaca gaatcgacgg gaacgaggtc acaaaagtcc cagcgagaga
02551 gcgcgttcaa atctcagact attccgcttc ctaccgttct atcaagtgga
02601 tggttcggaa ctgacagggt catgccgcca tgtgaacgtg gcggagttac
02651 ccgagtctga ggcctctcgt ttagagttat cggcggaaga ccatgatttt
02701 gacgatacag attggttcgc cggtaacgaa tgggcggaag gtgctttctg
02751 aaacctcccc ttccgcatct ccctccggtt ttctgtggcg ggagctgagt
02801 tggcagtatt gctataaact gtctgaagtc actaaacaca ttgtggtgaa
02851 cgggttgtcc atccagctta cggctaaaat ggtcagtcgt agaggaatct
02901 acgccagcag acttacaagt ctctgaggca cctttgaaac catctcctag
02951 gtttcttcgg aaggacttcg gtccgtgtac ttctagcaca acgtgctagt
03001 ttcagggtac gggtgccccc cactttgtg gggcctccaa aaggagacca

CDS（编码序列）

<87..2660
/codon_start=1
/product="large ORF"
/protein_id="BAA00263.1"
/translation="MAFPAPAFSLANLLNGSYGVDTPEDVERLRSEQREEAAAACRNY
RPLPAVDVSESVTEDAHSLRTPDGAPAEAVSDEFVTYGAEDYLEKSDDELLVAFETMV
KPMRIGQLWCPAFNKCSFISSIAMARALLLAPRTSHRTMKCFEDLVAAIYTKSDFYYS
EECEADDAQIDISSRDVPGYSFEPWSRTSGFEPPPICEACDMIMYQCPCFDFNALKKS
CAERTFADDYVIEGLDGVVDNATLLSNLGPFLVPVKCQYEKCPTPTIAIPPDLNRATD
RVDINLVQSICDSTLPTHSNYDDSFHQVFVESADYSIDLDHVRLRQSDLIAKIPDSGH

MIPVLNTGSGHKRVGTTKEVLTAIKKRNADVPELGDSVNLSRLSKAVAERFFISYING
NSLASSNFVNVVSNFHDYMEKWKSSGLSYDDLPDLHAENLQFYDHMIKSDVKPVVSDT
LNIDRPVPATITYHKKSITSQFSPLFTALFERFQRCLRERIILPVGKISSLEMAGFDV
KNKHCLEIDLSKFDKSQGEFHLLIQEHILNGLGCPAPITKWWCDFHRFSYIRDRRAGV
GMPISFQRRTGDALTYFGNTIVTMAEFAWCYDTDQFEKLLFSGDDSLGFSLLPPVGDP
SKFTTLFNMEAKVMEPAVPYICSKFLLSDEFGNTFSVPDPLREVQRLGTKKIPYSDND
EFLFAHFMSFVDRLKFLDRMSQSCIDQLSIFFELKYKKSGEEAALMLGAFKKYTANFQ
SYKELYYSDRRQCELINSFCSTEFRVERVNSNKQRKNYGIERRCNDKRRTPTGSYGGG
EEAETKVSQTESTGTRSQKSQRESAFKSQTIPLPTVLSSGWFGTDRVMPPCERGGVTR
V″

■ Cucumber mosaic virus segment RNA 3 (GenBank: D10538.1)

00001 gtaatcttac cactgtgtgt gtgcgtgtgt gtgtgtcgag tcgtgttgtc
00051 cgcacatttg agtcgtgctg tccgcacata ttttatcttt tgggtacagt
00101 gtgttagatt tcccgaggca tggctttcca aggtaccagt aggactttaa
00151 ctcaacagtc ctcagcggct acgtctgacg atcttcaaaa gatattattt
00201 agccctgaag ccattaagaa aatggctact gagtgtgacc taggccggca
00251 tcattggatg cgcgctgata atgctatttc agtccggccc ctcgttcccg
00301 aagtaaccca cggtcgtatt gcttccttct ttaagtctgg atatgatgtt
00351 ggtgaattat gctcaaaagg atacatgagt gtccctcaag tgttatgtgc
00401 tgttactcga acagtttcca ctgatgctga agggtctttg agaatttact
00451 tagctgatct gggcgacaag gagttatctc ccatagatgg gcaatgcgtt
00501 tcgttacata accatgatct tcccgctttg gtgtctttcc aaccgacgta
00551 tgattgtcct atggaaacag ttgggaatcg taagcggtgt tttgctgtcg
00601 ttatcgaaag acatggttac attgggtata ccggtaccac agctagcgtg
00651 tgtagtaatt ggcaagcaag gttttcatcc aagaataaca actacactca
00701 tatcgcagct gggaagactc tagtactgcc tttcaacaga ttagctgagc
00751 aaacaaaacc gtcagctgtc gctcgcctgt tgaagtcgca attgaacaac
00801 attgaatctt cgcaatattt gttaacgaat gcgaagatta atcaaaatgc
00851 gcgcagtgag tccgaggatt taaatgttga gagccctccc gccgcaatcg
00901 ggagttcttc cgcgtcccgc tccgaagcct tcagaccgca ggtggttaac
00951 ggtctttagc actttggtgc gtattagtat ataagtattt gtgagtctgt
01001 acataatact atatctatag tgtcctgtgt gagttgatac agtagacatc
01051 tgtgacgcga tgccgtgttg agaagggaac acatctggtt ttagtaagcc

01101 tacatcatag ttttgaggtt caattcctct tactccctgt tgagcccctt
01151 actttctcat ggatgcttct ccgcgagatt gcgttattgt ctactgacta
01201 tatagagagt gtttgtgctg tgttttctct tttgtgtcgt agaattgagt
01251 cgagtcatgg acaaatctga atcaaccagt gctggtcgta accgtcgacg
01301 tcgtccgcgt cgtggttccc gctccgcccc ctcctccgcg gatgctaact
01351 ttagagtctt gtcgcagcag ctttcgcgac ttaataagac gttagcagct
01401 ggtcgtccaa ctattaacca cccaaccttt gtagggagtg aacgctgtag
01451 acctgggtac acgttcacat ctattaccct aaagccacca aaaatagacc
01501 gtgggtctta ttacggtaaa aggttgttac tacctgattc agtcacggaa
01551 tatgataaga agcttgtttc gcgcattcaa attcgagtta atcctttgcc
01601 gaaatttgat tctaccgtgt gggtgacagt ccgtaaagtt cctgcctcct
01651 cggacttatc cgttgccgcc atctctgcta tgttcgcgga cggagcctca
01701 ccggtactgg tttatcagta tgccgcatct ggagtccaag ccaacaacaa
01751 actgttgtat gatctttcgg cgatgcgcgc tgatataggt gacatgagaa
01801 agtacgccgt cctcgtgtat tcaaaagacg atgcgctcga gacggacgag
01851 ctagtacttc atgttgacat cgagcaccaa cgcattccca catctggagt
01901 gctcccagtc tgattccgtg ttcccagaat cctccctccg atctctgtgg
01951 cgggacgtga gttggcagtt ctgctataaa ctgtctgaag tcactaaacg
02001 ttttttacgg tgaacgggtt gtccatccag cttacggcta aaatggtcag
02051 tcgtggagaa atccacgcca gcagatttac aaatctctga ggcgcctttg
02101 aaaccatctc ctaggtttct tcggaaggac ttcggtccgt gtacctctag
02151 cacaacgtgc tagtttcagg gtacgggtgc ccccccactt tcgtgggggc
02201 ctccaaaagg agacca

CDS(编码序列)

<120..959
/gene="3a"
/experiment="experimental evidence, no additional details recorded"
/codon_start=1
/product="3a protein(3a蛋白)"
/protein_id="BAA01396.1"
/translation="MAFQGTSRTLTQQSSAATSDDLQKILFSPEAIKKMATECDLGRH
HWMRADNAISVRPLVPEVTHGRIASFFKSGYDVGELCSKGYMSVPQVLCAVTRTVSTD
AEGSLRIYLADLGDKELSPIDGQCVSLHNHDLPALVSFQPTYDCPMETVGNRKRCFAV
VIERHGYIGYTGTTASVCSNWQARFSSKNNNYTHIAAGKTLVLPFNRLAEQTKPSAVA

RLLKSQLNNIESSQYLLTNAKINQNARSESEDLNVESPPAAIGSSSASRSEAFRPQVV
NGL"

CDS（编码序列）

<1257..1913
/gene="CP"
/function="CMV RNA encapsidation"
/experiment="experimental evidence, no additional details
recorded"
/codon_start=1
/product="capsid protein(外壳蛋白)"
/protein_id="BAA01397.1"
/translation="MDKSESTSAGRNRRRRPRRGSRSAPSSADANFRVLSQQLSRLNK
TLAAGRPTINHPTFVGSERCRPGYTFTSITLKPPKIDRGSYYGKRLLLPDSVTEYDKK
LVSRIQIRVNPLPKFDSTVWVTVRKVPASSDLSVAAISAMFADGASPVLVYQYAASGV
QANNKLLYDLSAMRADIGDMRKYAVLVYSKDDALETDELVLHVDIEHQRIPTSGVLPV"

附录 C 香蕉条纹病毒（BSV）基因组序列特征

■ Banana streak GF virus isolate Yunnan, complete genome (GenBank: MN296502.1)

```
00001 tggtatcaga gcaaggttaa gattgatggc attcatgggg taaaacccta
00051 agataggggc ctgattgagt tctacgtttc tgttaaggta agatttcctt
00101 tcctgataag tcgaataatt tttatgtatc tttctcaagt aatcttgaaa
00151 aactggcatg attattgaat gaaaaatgag ctattaccaa aaacaaaaaa
00201 atggagttgg gaagacagag gggttgtttg cagaaggccg ttctaagcca
00251 aggttgggcg tcaaaggccg tgtcagaccc ggagatcttc taatatcctc
00301 ctgaggtaat aagcgcttcg tgaagtagtt caataattat gactagttat
00351 taagagagct tgggtaaaag gtagcattaa aagttagtaa gacgtaaagg
00401 aaggaaggaa aaccctcaga taacgtgtct catgaaggtt acccctatct
00451 ttctattctg aaattacttc tacctaacct tgtatgaact ccgacctcaa
00501 agagtttgag aaccaattcc tttcttggag gaattcttgg caaaattgga
00551 aggatctaga ttacctaaat ctagaatctt catcaagagc tgacttagct
00601 cacaaccttc ggatcactgc atatcgagta gatctcggta acaaagcctt
00651 gtttgctcta agcaaacaga actgtcttca tactctcgat cttagaacta
00701 aattgcagga gcaggaatta cagctccagg agattggaaa actttccaaa
00751 attgttcgac aacagcgaaa cgatctgaag ctgctgctct caaaacagga
00801 tcatttgcaa gaagagatcc ttcaactaag gcaggactat ctcaaaagaa
00851 gacccctgtc taaggaagac gttgaagagc tggtgatcaa aatcagcgaa
00901 caaccgaaat ttatagaaaa gcaaacagaa gccttaacgg aagagttagc
00951 gaagaaagtt gacaaagtgg aagagctaat tcatcatcta agaaaaacaa
01001 ttcttggatg aactcagagg catacaagga agcactccga gcaacatcca
01051 aaggctggcc agacaacggt attggattca cagaaaagga gtcaaccaca
01101 aacctttcca ctatttccag gcaacttaat acaatactct atactgtact
01151 gcaattacgt atagaagttg ctagtttgca ggaagagctc aggaagacaa
01201 aggtcgagca aagcccagac atcactaagc tcacagaaca attggacaaa
01251 gtccatttaa gctcaaaggg tgcagcttac aaagaagaca aaggaaagat
01301 caaagtcttc aagaaccctt ttgaccttct caaggagatt caatgacgac
```

```
01351 ccaaagagct catcttccat ccataaatgg aactgaggtc gccagtacct
01401 cacgacagcc tggaacccct ctggtagaag accagattcg ggactaccga
01451 cgttctgcac gtgcccgata tgaggcccag agaatgggca ggaaccttgt
01501 caacatagga cgaacaatag tcggaagaag acctagggag catacсctag
01551 ccttactcat ggaccctgag gtggagctac gaaggtccat gcaagagcga
01601 gcaagagcag tacctgctga agtcttgtat atgacacgac gagacgacat
01651 acaccacaga gtgtatcatt accgatctga ggaaggaatg ttaataacag
01701 gctcagatca gcaagaccgc accttcatca cagaagaatc atacgagcat
01751 ctggctcagg cggaaataga gtatatacat cttggtatac tccaggtacg
01801 atttcaaatt ctccatagaa gatatgcggg aactatggct ttacttgtat
01851 tcagggatac aagatggaac tccgatgaca ggagcataat agcagccatg
01901 gaggttgacc tgtctgaagg caaccaactt atatacatca tgccagacat
01951 gatgatgact atcaaagatt tctatagaca catccagatg tccatccaga
02001 caagaggata tgattcttgg acaggcgctg aagccaacct actaattaca
02051 aggagtatta cttcccggtt atccaatact cccaacgtag gattcgcctt
02101 ccaagtaaat aaagttgctg agtaccttcg ttctaaaggg atcaaggcta
02151 tagacgccat gaagtactca acaggacagt tccagcacag cagatggaac
02201 ttacgaccat ccacagtggt aattcctgta ctcccatcta ccttagtaac
02251 ttctactaac tatgatggca gtaccacact acaattcgga gactaccaag
02301 ctgcttcatc atctcgaccg ccgatctaca acaacgagga tgatgaaatt
02351 gacgaagaac aacatattgt tgccgtcatc accatcattg atgatcaaga
02401 agatgactat cctgccctag cagctgtgga gaaacaaatt tttccagaaa
02451 acatggtggg agaagaggaa gcaattattt cctcattttt acaaaaactt
02501 gaactctctg aagatgaaga gagctactac ggcgacttgg agtctgaacc
02551 aaggagccac tacgaaatta atcatcttga tgacgactat ccagagttgc
02601 taaatgtgga aaaaatcctc tccacaaatg aatctgcaat aagcaactac
02651 cgagtacctc aagacgaaga aatgactgtc ccaggctatg cacctgctgg
02701 gagctctcgg ggttgggcta caaacattga tgatgcaatg ctacatcaaa
02751 ggaagcccaa aagatgggac aacagctcgg aatggttcca gctaccatcc
02801 gccaacgcaa gacagggctc aatatttgtc atgccctatg atttgatgt
02851 caaagtctac gaaagatggg aaagttcggt attagtacac cttgccgaca
02901 agaactttga tacacccgaa gacaaggtca tatacataga gaatctactc
02951 ggggaatccg agaagagagc cttcatgacc tggcgaatga agtacttacc
03001 cgagttcgaa gccctaaaag cagcagcact tggaaataat ggtacgcaaa
03051 acattctaaa ccaaataaga atgatatttt ttcttgaaaa tcccaagta
03101 ggaacaacag atgaacagga tgcagcctat aagaccatca agagcctagt
```

03151 ctgcaatgaa atgaccgaca aggcagtcta taggtatatg aatgactatt
03201 tccacctggc atctaaaagc ggaaggatgt gggcaaacga ggagttatca
03251 acagaattct tcaccaaact cccacgacat ctcggagata aagtggagaa
03301 agcgttcaaa gaaagacacc ctacaaactc aattggggta acagctcgca
03351 ttgcttttac tagaaattat ttaaaagata tgtgtcagga ggcgttattt
03401 caaagccaac tgaagaagat gaacttttgc ggcaatacac ccgtacatgg
03451 agtatatgga aaaagtaaag aaggaggctt cagaaaatac ggagcaagaa
03501 agaatacatc ctacaagggt aagcctcata aatcgcatat tcgcattgga
03551 aagcagaagc acctaaacct caggaagaag gactgcaagt gcttcgcttg
03601 cggagaaaca ggccactacg catcagaatg tacaaaccct aaaaagttca
03651 cccacagggt agctattctg gagtccttag accttcaaga aggacttgaa
03701 gtggtatccg tcgggatgga tgagtcagat gtatcagaca tctactctat
03751 ctcggaaaat gaagacaacc atcaaattac tgatgaatgg gatgtcttaa
03801 tgttacagga agaagaaata ccagaaccgt ctgagtatta tattggagaa
03851 cctggctgga gatctcagat ggaggtctca aaaactaaat tccactgcca
03901 gcatgagtgg aaatttgaca aagaagacag taaacactgc agagattgca
03951 agtttgaagc tcggcgagac aacagaatgg actgcagtaa gtgccaactt
04001 accatttgtg cactatgtac ttaccactgc ttcaaaatac ttattcccag
04051 gaaacagaca actcctagca tgaagcatga ctggagagaa ctagctgaac
04101 gacaaagcga actgctaagg aagttctgcc aaagagaaaa ggaactagaa
04151 caagaagtac aggagctaag acgagagata agtactctga aaacagacct
04201 agctaacctc tcggtaatac aagagacacc agaagaggat gaggaagaat
04251 tacaacgctt aaggcaggag aatactcttc ttgaattact aaaccaaaaa
04301 cagcaaaagg gcatagaagc actgcaacaa cagaatgagc tacttctaca
04351 acttgcaaag attgacaaga aagagattga aagcctcaga agtcaacatc
04401 ctctccctgt actacacctt gacgactttg cggtaacagc agtacagcca
04451 agcaacaacc tgctgaatat caaggtaatc gttgaaatag atggaaagca
04501 attaccctta aatgctattc ttgacacagg agcagcaatc tgtgtatgca
04551 atggagaagt aatcccacaa aaatacagaa gatcctctct tacggattcc
04601 ttgatccaag gggtaaatgg agcaacacga gtcaacgaaa tcctgaagga
04651 cggaaaactc tgggttggtg atcagtactt taggataccc agaacttata
04701 ttatgccaac aatgcataag ggcctcgaat ttatcattgg catgaatttt
04751 atcaaagcca tggaaggtgg cttacggatc gaaaagggag aagtaacttt
04801 ttataagtta gtcacgacgg tcaatacctc accaaagcca catgaggtat
04851 gcttacttga tgagttggat cttgagttac ctgaatacta tgacatatgt
04901 gcagctattc caagacaagg gagcatcaat gaggaattta tttcaccctc

```
04951 agaaattgac cgactcaaaa gattgggatt catagggaa gaaccattaa
05001 agcactggaa aaagaatcag atcaagtgca aactcgaaat caagaatcct
05051 gacctgatca tagaagaccg tcccctcaaa catgttacac cagcaatgaa
05101 ggagaccatg actaaacacg tacaaaggct actggatata aaggttatca
05151 gaccatctac tagtaagcat aggactaccg ctataatggt taattctggt
05201 actgaaattg atcctattac tggtgctgag aagaaaggca aagaacgtct
05251 tgtctttaat tataaaaggc ttaatgacaa tactgaaaag gatcagtatt
05301 ccttacctgg gataaacaca atcatagcta gaatcagcca ttcaaaaata
05351 tattctaaat ttgacttgaa gagcggtttt catcaagtag ctatggagga
05401 ggaatctatc ccatggacgg cctttgggc tattaacggg ttatacgaat
05451 ggctcgtaat gccgtttggt ctgaagaacg cacctgccat atttcaacga
05501 aagatggaca actgcttccg aggtacagaa aaatttatag ctgtttacat
05551 agatgatatt ctaatctttt cagatagcaa ggaagcccat cgaacccatc
05601 tcagacaatt catcaccata tgtgaagaaa atgggctggt actaagccca
05651 acgaagatga agataggagt ccaacaagtg gatttcttgg gtgcaaccat
05701 tggcgattct aaagtaaggc ttcagcctca catagtcaaa aaagtgctag
05751 aaacaaagga agaaagcctg tctgaaacaa aggccttaag aagatggtta
05801 ggcatactca attatgccag agcaaatatt cctgatcttg ggaaaatcct
05851 aggtccctta tactcaaaaa cttcaggaaa aggggagcga aaactcaatc
05901 accaagacat gaagataatt caccagatca aggagaaggt aaaaaatctc
05951 cctgaattag aggttcctcc accagagtcc atcatactga ttgaaacaga
06001 cggatgtatg gatggttggg gtggcatttg caaatggaag ttaaacaaag
06051 gggaacctcg atccgctgaa aagatctgtg cttatgcaag tggacgtttc
06101 aaccccatca aaggagctat tgacgctgaa atacaggctg ttatctacag
06151 tctagaaaaa tttaagattt actatctcga caaaaaggag cttattttaa
06201 ggactgacag caaggcaatt gtcaggttct acgagaaatg ttcagaacac
06251 aaaccctctc gtgttcgatg gatgactcta actgactaca tctcgggatg
06301 cggagttaag gtatatttg aacacattaa tggaaaagat aatacacttg
06351 cagacgaact atcacgactt gttcaagcaa ttctcatcaa caaagaagaa
06401 tctcctacaa tactatctct aatcaaagca acaacggagg tattacaaaa
06451 ggaaaatcct atttccagga gtagattagc tctatgcatt tccagagcac
06501 tgggtaacaa atatcaagtc aatttcataa cttgggaaca accccagctg
06551 aagtgtgcct gtggagaaaa tgccgtactc cttacttcac ataccagccg
06601 aaatccagga cggagatttt atagatgcgg taccaacact tgtcatgtat
06651 ggtactgggc tgatctaatc gaagattata ttgcgcaact tagcaatctt
06701 cagaatcttg actcaggaca agcagatgat gaaggatggg cctatcaaac
```

```
06751 agaagatctg atcaacccag aagatctggc caactccgac atagacgacc
06801 ctccagaaga ctcaggacta ttccaccgac atgatgacta aggcggacgt
06851 ggtggaccca gcaataatga aggaatccaa ttccttactt caccgggttc
06901 attattaaag agcctttaca gctcataccc ttattaataa tgttagtgct
06951 tgtactattg tgctttgcca gcacatactg gcgtgtaaag gcatctggtt
07001 gtccccagaa ggcctaaagt tagtgcgttc caacgcacat ctgcgtgtaa
07051 aggcatctgg ttgtccccag aaggcctaaa gttagtgcgt tccaacgcac
07101 atctgtgtgt aaaggtatct ggctgtttcc agacgctacc tccctctttt
07151 ctcctcccgt ctatataagg aggcagaacc taagtgtttc aggcatcgag
07201 ggaaataccc atctgcctaa tccacttcca gtgttttcca aagcagctga
07251 agttttcagt ctgtgagtag aaagcaagat ccctgtaaga atttttgaga
07301 agtttatatt cgatttctcc ccatc
```

CDS(编码序列)

<484..1011
/codon_start=1
/product="ORFI(ORFI蛋白)"
/protein_id="QHB46301.1"
/translation="MNSDLKEFENQFLSWRNSWQNWKDLDYLNLESSSRADLAHNLRI
TAYRVDLGNKALFALSKQNCLHTLDLRTKLQEQELQLQEIGKLSKIVRQQRNDLKLLL
SKQDHLQEEILQLRQDYLKRRPLSKEDVEELVIKISEQPKFIEKQTEALTEELAKKVD
KVEELIHHLRKTILG"

CDS(编码序列)

<1008..1346
/codon_start=1
/product="ORFII(ORFII蛋白)"
/protein_id="QHB46302.1"
/translation="MNSEAYKEALRATSKGWPDNGIGFTEKESTTNLSTISRQLNTIL
YTVLQLRIEVASLQEELRKTKVEQSPDITKLTEQLDKVHLSSKGAAYKEDKGKIKVFK
NPFDLLKEIQ"

CDS(编码序列)

<1343..6841
/note="cleavage products predicted to include viral

movement protein, coat protein, aspartic protease, reverse transcriptase and RNAse H"
/codon_start=1
/product="ORFIII(ORFIII蛋白)"
/protein_id="QHB46303.1"
/translation="MTTQRAHLPSINGTEVASTSRQPGTPLVEDQIRDYRRSARARYE
AQRMGRNLVNIGRTIVGRRPREHTLALLMDPEVELRRSMQERARAVPAEVLYMTRRDD
IHHRVYHYRSEEGMLITGSDQQDRTFITEESYEHLAQAEIEYIHLGILQVRFQILHRR
YAGTMALLVFRDTRWNSDDRSIIAAMEVDLSEGNQLIYIMPDMMMTIKDFYRHIQMSI
QTRGYDSWTGAEANLLITRSITSRLSNTPNVGFAFQVNKVAEYLRSKGIKAIDAMKYS
TGQFQHSRWNLRPSTVVIPVLPSTLVTSTNYDGSTTLQFGDYQAASSSRPPIYNNEDD
EIDEEQHIVAVITIIDDQEDDYPALAAVEKQIFPENMVGEEEAIISSFLQKLELSEDE
ESYYGDLESEPRSHYEINHLDDDYPELLNVEKILSTNESAISNYRVPQDEEMTVPGYA
PAGSSRGWATNIDDAMLHQRKPKRWDNSSEWFQLPSANARQGSIFVMPYDFDVKVYER
WESSVLVHLADKNFDTPEDKVIYIENLLGESEKRAFMTWRMKYLPEFEALKAAALGNN
GTQNILNQIRMIFFLENPKVGTTDEQDAAYKTIKSLVCNEMTDKAVYRYMNDYFHLAS
KSGRMWANEELSTEFFTKLPRHLGDKVEKAFKERHPTNSIGVTARIAFTRNYLKDMCQ
EALFQSQLKKMNFCGNTPVHGVYGKSKEGGFRKYGARKNTSYKGKPHKSHIRIGKQKH
LNLRKKDCKCFACGETGHYASECTNPKKFTHRVAILESLDLQEGLEVVSVGMDESDVS
DIYSISENEDNHQITDEWDVLMLQEEEIPEPSEYYIGEPGWRSQMEVSKTKFHCQHEW
KFDKEDSKHCRDCKFEARRDNRMDCSKCQLTICALCTYHCFKILIPRKQTTPSMKHDW
RELAERQSELLRKFCQREKELEQEVQELRREISTLKTDLANLSVIQETPEEDEEELQR
LRQENTLLELLNQKQQKGIEALQQQNELLLQLAKIDKKEIESLRSQHPLPVLHLDDFA
VTAVQPSNNLLNIKVIVEIDGKQLPLNAILDTGAAICVCNGEVIPQKYRRSSLTDSLI
QGVNGATRVNEILKDGKLWVGDQYFRIPRTYIMPTMHKGLEFIIGMNFIKAMEGGLRI
EKGEVTFYKLVTTVNTSPKPHEVCLLDELDLELPEYYDICAAIPRQGSINEEFISPSE
IDRLKRLGFIGEEPLKHWKKNQIKCKLEIKNPDLIIEDRPLKHVTPAMKETMTKHVQR
LLDIKVIRPSTSKHRTTAIMVNSGTEIDPITGAEKKGKERLVFNYKRLNDNTEKDQYS
LPGINTIIARISHSKIYSKFDLKSGFHQVAMEEESIPWTAFWAINGLYEWLVMPFGLK
NAPAIFQRKMDNCFRGTEKFIAVYIDDILIFSDSKEAHRTHLRQFITICEENGLVLSP
TKMKIGVQQVDFLGATIGDSKVRLQPHIVKKVLETKEESLSETKALRRWLGILNYARA
NIPDLGKILGPLYSKTSGKGERKLNHQDMKIIHQIKEKVKNLPELEVPPPESIILIET
DGCMDGWGGICKWKLNKGEPRSAEKICAYASGRFNPIKGAIDAEIQAVIYSLEKFKIY
YLDKKELILRTDSKAIVRFYEKCSEHKPSRVRWMTLTDYISGCGVKVYFEHINGKDNT
LADELSRLVQAILINKEESPTILSLIKATTEVLQKENPISRSRLALCISRALGNKYQV
NFITWEQPQLKCACGENAVLLTSHTSRNPGRRFYRCGTNTCHVWYWADLIEDYIAQLS
NLQNLDSGQADDEGWAYQTEDLINPEDLANSDIDDPPEDSGLFHRHDD"

附录 D 香蕉苞片花叶病毒（BBrMV）基因组序列特征

■ Banana bract mosaic virus isolate Wayanad, complete genome (GenBank: MG758140.1)

```
00001 aaataacaaa tctcagcaag acattcaaga taaacgttca gaccttacgc
00051 aactctttgt gtactgtttt gactttcgct cttgagttca tcttgtagct
00101 ctgttcgcaa ccaaattttc cgacgcaaat ggcgacaatc acttttggcc
00151 agttcaccgt agcacttgag gcgcaaagct gtctcaaatt catagagcta
00201 gcattgccaa caagtgttaa aatgacagtc gcaccgcaat gcatggcgat
00251 accggaggta gaatgtgatg caacatttaa ggcggcgaca ccagatgatg
00301 tgtttgataa gtacttcagc actagtcatt gggaggatta tttcaatcgg
00351 agaaattatg gtggtctacg gatgagagga accaccatct gttatgcacc
00401 aaccactgat gaagaagtgc tgcgtatact agctctgaaa caggcagcta
00451 tagatgagga ggcagagttt ctgaggcatg agcagatggt acagaatctg
00501 ggtcatgcat ccaatatgac aaaacctaaa tatgatgtca aatctgatat
00551 tgtgaacgct cctaatgtac aagcgtattg taggaaaaca aataaaaaga
00601 acaaaaagaa agtaagtaat cttagtaaga gtgcgtgcaa taagtctatg
00651 aatattccat caaattttcg agaaaaacca aaaatcattt ccaaagccga
00701 ttttgcatct ttggttgaag ccttgctcga tatccagaca caaaaaccaa
00751 cccactttct ctcactcatt ggaaagtacc atgacagagt gttgccaata
00801 atgaaagcac aggttggtgg taaacaatat ctgaaatgca aactgaaaca
00851 tcataatggg gttaacgtac aaatcgaaat gcaagataag cagcacataa
00901 atatggtttg tcagcttgcg cactatgtgt caaacgcaga aattattgat
00951 gatagcacga tatgtaaagg ttggagtggt attgtaattc cgaatatatt
01001 gcaacaacaa accccatttt ctgaaattat agtacgtggc agactaatgg
01051 gaaggcttgt tgatgcaaga gaaaaactga gttttgagga ccaactgtta
01101 atagatcatt acagcgagcc agcaggccca ttctgggaag gattccgaaa
01151 gggcttcaca ccacttgaaa tggaacttgc gcataagtgt acacctgata
01201 attcggcaga gatgtgcggg cagttgatgg cccaattatt ccagatggtc
```

```
01251 caccсttgta ggagaatttc ttgtaagcag tgttttgagc atttagcaaa
01301 tatgtcaacc actgagttgc aggaagtgat gaaagcacgc tatgaaacag
01351 cagttctgaa tgggacaatc aaggaactac tatcatttag gagcctggac
01401 gaatgtgtaa ggagatcatt ggttcgaaaa ccacgtaatc ttaaaatgga
01451 gtcatgcatg gaagttcaga ggataactca acactcaacc aaaacgcaac
01501 tgatgaaaat tgatgtcata aatcgaacgt tattaaaatt ttctgaagca
01551 tcagagagcg aggtgggtga tgcatcagat gccctcctag aactgacgag
01601 gtggtttaac aagcatttga ataactttgg aaagccatcc cttgaaacat
01651 ttcgaaataa ggccgcgtca aaggcattac taaatccgtc attgctatgt
01701 gataaccagt tggacaaaaa tggcaacttt ttatggaatg agcgtggcca
01751 tcatgcaaag agattcttta agaggtattt tgatatagta gatcacacac
01801 atggatatca atcgtatgaa ttacgagtat ctccaaattg tactaggaaa
01851 ttagcaattg ggagattgtt ggtctcaacg aatattgtga agaatcaagc
01901 agcaatggtt ggcgaatcga tacagaggga acctcttacc aatgcatgca
01951 ttagcaagat agataatggc tatgtgtata catgttgttg cgtaacgaat
02001 gatgtcggag aaccaatata ttcacagtat cgaagcccat ctgcaagaca
02051 catagttata gggacatctg gggatccaaa gatatttaaa atgccacaaa
02101 ctgtgaataa tgctatgtat atagcaaaac ctggatattg ttatttaaat
02151 atctttttag cgatgctact gaacgtcgac gatgaaagtg ccaaagaatt
02201 tacagttctg attaaagatg agtttatacc tcaacttgga gaatggccta
02251 cacttacgcg tctagcatcg gtttgttaca ccatatcttt attttatcca
02301 aagactgcta atgctgagct cccacgcatt ctcgttgatc atgcgaacaa
02351 aacgatgcat gtcattgatt catatgggtc agtgacaact ggatatcaca
02401 tactcaaggc tgggactgtt aagcaactca ttgacttttc atcaaacgaa
02451 ttgcagagtg agatgaaaga atatttggtt ggcggcacac ttgaggatgt
02501 gaatattaac aaaggcgtta tggttctgat taaggcagcg tatagaccgc
02551 atctattaag gaacttaatc gagcaagacc catacttgtt gttgctttca
02601 ttgatatctc caactgtgat taaagccatg cacaatagca aggcatatga
02651 acaaggacta tatcattggg ttacaaggga taaagagatt ggaatgatat
02701 tcacaacatt gcattcattg gctgagcgag tttctagggc gcaacattta
02751 atggagcagc gcgcagcaat caacaagcac ataggacatt tatatgagga
02801 agtacgcgca tcaacattcc ctgaaggggc accctactta gtgcaaacac
02851 tcttgcttag gatggctcaa gacgtagaaa tgaatgaatc actttagat
02901 gccggtttcg caacgatgaa tttggtgtat tatgcattct cagaaaaaaa
02951 atatcaagac ctattaaacg cagaatggag agcattaaaa ttgtcggaaa
03001 aatttcacg aatcatgcat acatcatact acagaatctc atcaacactc
```

03051 tcattctccg aaaagaaagt cgatctgcca gatttgaaag aacgaagcac
03101 cacatcgctc aagcgctctt ttggtgcagt gaagggagtt tggaatggtg
03151 ccctaaccgg tgggtggaag tacgccaccg gaacagtatc tagtgtgtct
03201 gattattgtt ttaagaagac cttctgtgcg tttacggcgt ggtatggaga
03251 tgcattgcat tttgtaaatg ttttgttagt aataactttg ttgacgcaac
03301 tgattgtgca ttgtaaagtg tatatgaagg agcacttagc tggtaaatat
03351 tataaaaagc agcttgagtt acgtgatttg gatgttagaa ttggggaatt
03401 gtataaacta tgtaaagagg atatgaagtg taaaccaacg caagaagagt
03451 ttgctgagta tcttaagagg catgacgaac ggttgtctaa acattaccat
03501 tcatacaacc ttgttaactt tcaatcgaag actgtcttcg agagtggcat
03551 ggagcgagtt gtcgcagttt ttgcattact ggcaatgatt tttgatacaa
03601 gtaagagcga cgccgtattt aggatcctcc agaaatttaa aacatgtatt
03651 gcatccatca ataatcgtgt ggaatttcag aatttggatg agatacagga
03701 tattgagaca gagaagaaga caacaattga tttcatctta gccgatgata
03751 caccactcgc accgagcata atggattcaa ccttcgaaca ctggtggaca
03801 aatcagttaa cgagcaatcg tgttgtagcg cattatcgaa taggtggcac
03851 tttcgttgaa ttcacaagag aagaagcagc aagtatcgcc aatcagattg
03901 cgcatagtgc tgatagtgaa tttctgatac gtggggcagt gggttcaggc
03951 aaatcaacag gccttccatc gcaacttgtg cggaagggtg ctgtacttct
04001 tttagagcca actaggcctc tagctgaaaa tgtatttgga caattacgga
04051 gccatccttt cctactagcc cctacgttgc agttcagagg aacaagtgtg
04101 tttggttcaa cagatatcaa agtcatggca tcaggctttg ccctgaatta
04151 ttttgcacat aattctacag ctctgtcgag catcgagttt ataatctttg
04201 acgaatgtca tgttatggat gcttcagcaa tggcgttcta ttgtctactc
04251 aaggagtatg cattcaaagg gaagattttg aaagtgtcag ccacaccgcc
04301 tgggcgagag tgtgaattta aaacacagca cacagtcaaa attgctgttg
04351 aagaacatct gacgtttcag cgattcgtgc aagaacaggg aactggttca
04401 aatgttgatg ttgtgcagca tggcaataat attttagtgt acgtggcaag
04451 ttataacgag gttgatcagc tcagtaatct tctgctagaa aagggacata
04501 aagttacaaa ggttgatgga cgaaccatga aggttggaag cgtgcagatt
04551 gtcacttgcg ggacaagtca taataagcat tttgtagttg ccacgaacat
04601 tattgagaat ggagttacac tggatataga tgtcgtagtg gattttggag
04651 tgaaggttgt tgctgattta gaatcagaca atcggtgcat acgttataag
04701 aaatgtgcta ttggatttgg tgaacgggtc cagcggttgg gacgcgtcgg
04751 aagagtcaaa ccagggttcg cgttacggat tggacatact gagaaaggtt
04801 ttggggaaat tccaacaata attgccactg aggctgcatt tctctgtttc

04851 acatatggat tgccagttat gacacaaaat gtatcaacat cattgctggc
04901 taaatgtaca gtgcagcagg ccagagtgat gtgccaattt gagttatctt
04951 ttttctttct cgcggagtta gtacattata acggaacaat gcatccactg
05001 atttttaatt tgctcaagaa ataccgtcta cgggactctg aagttaaact
05051 caataaattg gcaattccta gtagttgcgt tgcacattgg ttgtccgtcg
05101 gagaatatga caaattgggt gttaggatca attgtgagcc aaatgtgtat
05151 ttaccgtttg cagagcgagg gattcctgat gcactttaca cagatctttg
05201 gaaaattgtg aaagagaata aaactgatgc tgggtttgga cgactcacaa
05251 cagcaagtgc gtgctcaatt gcatatactc tcagttgcga tccgcttgca
05301 attcctcgca cacttggtgt cctcgagcat ctactcgcta gggaaatgga
05351 gaagaaggca tactatgagt ccctttgcag caacattcga gtcgctggat
05401 ggtcgttaga agggattgtc agcagtctga ggcgaaggta tatggctgac
05451 cacacaactg aaaacattaa gataatccag aatagcatcg ctcgactaca
05501 agcatttaat cacatggaca tcgacattac taataagagc aatctggtgc
05551 cgcatggttt cctaaacttg gtcgaatttc agaattcgga tgatatggcg
05601 cgtgctttgc atttgaaagg acgatggcac ggcagtttaa tatgcaaaga
05651 cttcttggtc gcagtcatcg tactgtttgg cggcatcact atgcttgtgc
05701 tacattacaa agcaacgatt gataactatg tcgcatttga aggaaagcga
05751 aaatttcaaa aactcaagtt tcgcgatgcg agggacaaga agcttggacg
05801 agaagcatac ggggacgatg gaactatcga acatttattt ggtgaagcat
05851 ttacacgtcg cggaaaggtg aaaggttcat caaaaactgt tgacattggg
05901 aagaaaacac gaaaatttgt gaatatgtat ggatttgacc caacggatta
05951 ctcatatatt agatttcttg acccagtaac aggtgctact agagacgaga
06001 atgttaatgc tcccatccag ctcatccaag atgaacttgg gaatattcga
06051 aacgtcatgt cttatgaaga tgattatgtg cgggaaaagc taaaagaggg
06101 gactggggtt aaagcatact ttgtcaaaga aaacgcaata aatgcactag
06151 aagttgactt aacgccacac aacccacaat tattgtgccg tagcggctcc
06201 acaatagccg gatatccaga acgtgaattt gaactacgtc agaccggccc
06251 agcgcgcgtg ataccattca aagaagtccc tatcaagaat gaaacgcaag
06301 ttgagttcga gggtaagtca ttatgccgag gcccacgtaa ttatgacaac
06351 attgcacaga gcatatgttc actgacaaac acagcaaatt catttggggt
06401 gcacggttta ggttatgggt catacatcat aacaaactca catttgttcc
06451 aagaaaacaa tgggtctttg acaattcgta gtaagcgagg attacatacg
06501 atcccagata caactacaat aagcattgct aaagtgggct tatgcgatat
06551 cgtgatcttg aaattgccta aggatgtccc accattccca caaaaactaa
06601 gatttagggc accaactgaa ggagagcgag ttacaatgat tggaatgttg

06651 tatcaaacca atagtacgca cactacggtt tctgagactt cagttacata
06701 tcacaaagaa ggtgggtgtt tttggaagca ttggattgat acgaagaaag
06751 gtgattgtgg tttacctatg gtttcaacaa aagatggctt cattttaggc
06801 atccatagtc tctcacacct tgaacaggag gagaattatt tctcagcggt
06851 cccacttgat tttgaaaatg agttcattca aaaactagat aatttggaat
06901 ggagcaaaca ctggaagctg aatactgata tgatcgcatg gggtgatttg
06951 agattgagag aatcgaaacc tgaaggcttg ttcaagcctg tcaaggaact
07001 ttttgatcta atcacaaaga acaatcctgt tgagttccaa catagagatg
07051 agatgtgggt cgcaaatgag attaaaggca acctacaatg tgtggcgatg
07101 agctgtagca atcttgtaac gaaacatgta gtccgcggga aatgtcaaca
07151 ctttagccgt tacttagctg aacataaggg tgctgaagat ttctttaggc
07201 cgctcatgtc tcattatggt ccaagccggt taaatcgcaa ggcattcttg
07251 aaagatttat taaaatattc tggcgagctg attgttggtg tagttgactg
07301 tgatacattc gaaagcgcat acaatttcac tgcattattg ttacgcagcc
07351 atgggtttga aggaaggaag ttcatcactg atactgacga gatatttcag
07401 agtttgaata tgaaggccgc tgttggagca ctgtacgctg ggaagaagag
07451 ggattatttt gaaggcttca ctaatcaaca aaaggatgag gttatatttc
07501 agagttgtct tcgcctatac aaaggacatt taggcatatg gaacggatcc
07551 ttaaaagctg aattacgacc aaatgaaaag aatgagttaa acaaaacacg
07601 cgtgtttaca gcagctccgt tggatacatt acttggaggt aaagtatgtg
07651 tggatgattt caacaacttg ttttatgata aacatattga atgtccttgg
07701 actgtcggta tgaccaaatt ttatactggt tgggatcaat tgttacggaa
07751 gttaccagat ggctgggtct attgtgatgc tgatggctcg cagttcgata
07801 gttcactgtc tccatactta attaactcca tccttcgatt gagacttgag
07851 ttcgcagaag attgggacga aggaaagcaa atgttgcgca atttgtacac
07901 tgagattgtg tatacaccaa tattagtccc agatggttca gtggtcaaga
07951 aatttaaagg aaataatagt ggacaaccat ctaccgttgt ggataataca
08001 ttaatggttg ttcttgctat gcactattct ttgatgagag aaggttggaa
08051 tcacgatgac attaaacaag acattgtatt cttcgcgaat ggtgatgatt
08101 taattatagc cataaaacca aacaaagctt gtacacttga caaactgcag
08151 gaaaacttct tggcattggg cctaaagtac gacttttcaa atcaaacaac
08201 tgataaatca aatttatggt atatgtcaca tcaagggctt atatttgacg
08251 acttgtacat accaaagctt gagatggagc gtattgtgtc aatactcgag
08301 tggaatagaa gtgacacacc gctacaccga gctgaagcga tatgcgcagg
08351 tatgatcgaa gcttggggtt atccggattt gttgcagcaa atacgtaagt
08401 tttatatgtg gcttagtgta caggacgatt tcaagcaggt ttcggaggat

08451 tgtttacttc catacatatc tgaaatcgca ctgagaaggc tatacacatc
08501 aaaggaacct gcaagtgatg aacttagaaa gtattatgaa aaatatattt
08551 taaactcctt ggaaacatct gatgaaacaa ttaattgggt cgaatttcaa
08601 tctggaacga agtcaactaa cgatgatgac ccaagccgca ctattgatgc
08651 aggcggcagt gcaagaggaa ctcagccatc aacaaccacc acaacagctc
08701 caagcacatt tggacaaccc acgagtacgt cagctccatc ttcatcaagc
08751 acgccaccca gagcttccac gcaaattgca ccagttcggg atcgtgacgt
08801 tgatgctggt agtacaaact ttatcatccc tggaattaaa ccgatgactg
08851 ggaaaatgcg tctcccaagg tatcgaggaa aaactgcaat taacgtcgag
08901 ttcttggttc aatataagcc tgatcagtta gattggtcaa atgctatcgc
08951 aagtagggag caatatgatg catggtgtga tgctgtaaaa cgtgagtatg
09001 ccatagagga tgaagaacag ttcacaacct tgttaggtgg tttgatggta
09051 tggtgcatag agaatgggac atcaccaaat ttgaatggta catggagtat
09101 gatggataag ggtgagcaat tagtttacca gttaaagcct attattgaga
09151 acgctcagca tacttttcgg caacttatgg cacatttttc tgatgccgct
09201 gaggcataca taacaatgcg caatgtcacg gagagatata tgcccagatg
09251 gggagcactt agaggattga atgacataag cttagcccga tatgcatttg
09301 atttttacgt agtcacatca aaaactacaa acagggctag agaagcacac
09351 acgcagatga aagctgcagc tattcgtggg tcaaacactc ggttgttcgg
09401 tttggatgga gatcttggac ctggcgaaga gaatacagag aggcacactg
09451 ttgaagatgt gaagcgtgat atgcactctc tgcttgggat gaaacatgaa
09501 taaataaata gttatctgga gcttgctccc tataattatg tgtgctttat
09551 gatattgtga taattgtagt gtgagcttct cacctaagta cctacatgta
09601 ttgtgtgtgg tatttatata ttcgcaatat gcaaagggac cgcctgtgag
09651 gtattgacca agtgataatg gttatccaga gtctctatct agctggcgtg
09701 cacacctt

CDS（编码序列）

<129..9503
/codon_start=1
/product=”polyprotein（多聚蛋白）”
/protein_id=”AUZ17917.1”
/translation=”MATITFGQFTVALEAQSCLKFIELALPTSVKMTVAPQCMAIPEV
ECDATFKAATPDDVFDKYFSTSHWEDYFNRRNYGGLRMRGTTICYAPTTDEEVLRILA
LKQAAIDEEAEFLRHEQMVQNLGHASNMTKPKYDVKSDIVNAPNVQAYCRKTNKKNKK
KVSNLSKSACNKSMNIPSNFREKPKIISKADFASLVEALLDIQTQKPTHFLSLIGKYH

DRVLPIMKAQVGGKQYLKCKLKHHNGVNVQIEMQDKQHINMVCQLAHYVSNAEIIDDS
TICKGWSGIVIPNILQQQTPFSEIIVRGRLMGRLVDAREKLSFEDQLLIDHYSEPAGP
FWEGFRKGFTPLEMELAHKCTPDNSAEMCGQLMAQLFQMVHPCRRISCKQCFEHLANM
STTELQEVMKARYETAVLNGTIKELLSFRSLDECVRRSLVRKPRNLKMESCMEVQRIT
QHSTKTQLMKIDVINRTLLKFSEASESEVGDASDALLELTRWFNKHLNNFGKPSLETF
RNKAASKALLNPSLLCDNQLDKNGNFLWNERGHHAKRFFKRYFDIVDHTHGYQSYELR
VSPNCTRKLAIGRLLVSTNIVKNQAAMVGESIQREPLTNACISKIDNGYVYTCCCVTN
DVGEPIYSQYRSPSARHIVIGTSGDPKIFKMPQTVNNAMYIAKPGYCYLNIFLAMLLN
VDDESAKEFTVLIKDEFIPQLGEWPTLTRLASVCYTISLFYPKTANAELPRILVDHAN
KTMHVIDSYGSVTTGYHILKAGTVKQLIDFSSNELQSEMKEYLVGGTLEDVNINKGVM
VLIKAAYRPHLLRNLIEQDPYLLLLSLISPTVIKAMHNSKAYEQGLYHWVTRDKEIGM
IFTTLHSLAERVSRAQHLMEQRAAINKHIGHLYEEVRASTFPEGAPYLVQTLLLRMAQ
DVEMNESLLDAGFATMNLVYYAFSEKKYQDLLNAEWRALKLSEKFSRIMHTSYYRISS
TLSFSEKKVDLPDLKERSTTSLKRSFGAVKGVWNGALTGGWKYATGTVSSVSDYCFKK
TFCAFTAWYGDALHFVNVLLVITLLTQLIVHCKVYMKEHLAGKYYKKQLELRDLDVRI
GELYKLCKEDMKCKPTQEEFAEYLKRHDERLSKHYHSYNLVNFQSKTVFESGMERVVA
VFALLAMIFDTSKSDAVFRILQKFKTCIASINNRVEFQNLDEIQDIETEKKTTIDFIL
ADDTPLAPSIMDSTFEHWWTNQLTSNRVVAHYRIGGTFVEFTREEAASIANQIAHSAD
SEFLIRGAVGSGKSTGLPSQLVRKGAVLLLEPTRPLAENVFGQLRSHPFLLAPTLQFR
GTSVFGSTDIKVMASGFALNYFAHNSTALSSIEFIIFDECHVMDASAMAFYCLLKEYA
FKGKILKVSATPPGRECEFKTQHTVKIAVEEHLTFQRFVQEQGTGSNVDVVQHGNNIL
VYVASYNEVDQLSNLLLEKGHKVTKVDGRTMKVGSVQIVTCGTSHNKHFVVATNIIEN
GVTLDIDVVVDFGVKVVADLESDNRCIRYKKCAIGFGERVQRLGRVGRVKPGFALRIG
HTEKGFGEIPTIIATEAAFLCFTYGLPVMTQNVSTSLLAKCTVQQARVMCQFELSFFF
LAELVHYNGTMHPLIFNLLKKYRLRDSEVKLNKLAIPSSCVAHWLSVGEYDKLGVRIN
CEPNVYLPFAERGIPDALYTDLWKIVKENKTDAGFGRLTTASACSIAYTLSCDPLAIP
RTLGVLEHLLAREMEKKAYYESLCSNIRVAGWSLEGIVSSLRRRYMADHTTENIKIIQ
NSIARLQAFNHMDIDITNKSNLVPHGFLNLVEFQNSDDMARALHLKGRWHGSLICKDF
LVAVIVLFGGITMLVLHYKATIDNYVAFEGKRKFQKLKFRDARDKKLGREAYGDDGTI
EHLFGEAFTRRGKVKGSSKTVDIGKKTRKFVNMYGFDPTDYSYIRFLDPVTGATRDEN
VNAPIQLIQDELGNIRNVMSYEDDYVREKLKEGTGVKAYFVKENAINALEVDLTPHNP
QLLCRSGSTIAGYPEREFELRQTGPARVIPFKEVPIKNETQVEFEGKSLCRGPRNYDN
IAQSICSLTNTANSFGVHGLGYGSYIITNSHLFQENNGSLTIRSKRGLHTIPDTTTIS
IAKVGLCDIVILKLPKDVPPFPQKLRFRAPTEGERVTMIGMLYQTNSTHTTVSETSVT
YHKEGGCFWKHWIDTKKGDCGLPMVSTKDGFILGIHSLSHLEQEENYFSAVPLDFENE
FIQKLDNLEWSKHWKLNTDMIAWGDLRLRESKPEGLFKPVKELFDLITKNNPVEFQHR

DEMWVANEIKGNLQCVAMSCSNLVTKHVVRGKCQHFSRYLAEHKGAEDFFRPLMSHYG
PSRLNRKAFLKDLLKYSGELIVGVVDCDTFESAYNFTALLLRSHGFEGRKFITDTDEI
FQSLNMKAAVGALYAGKKRDYFEGFTNQQKDEVIFQSCLRLYKGHLGIWNGSLKAELR
PNEKNELNKTRVFTAAPLDTLLGGKVCVDDFNNLFYDKHIECPWTVGMTKFYTGWDQL
LRKLPDGWVYCDADGSQFDSSLSPYLINSILRLRLEFAEDWDEGKQMLRNLYTEIVYT
PILVPDGSVVKKFKGNNSGQPSTVVDNTLMVVLAMHYSLMREGWNHDDIKQDIVFFAN
GDDLIIAIKPNKACTLDKLQENFLALGLKYDFSNQTTDKSNLWYMSHQGLIFDDLYIP
KLEMERIVSILEWNRSDTPLHRAEAICAGMIEAWGYPDLLQQIRKFYMWLSVQDDFKQ
VSEDCLLPYISEIALRRLYTSKEPASDELRKYYEKYILNSLETSDETINWVEFQSGTK
STNDDDPSRTIDAGGSARGTQPSTTTTTAPSTFGQPTSTSAPSSSSTPPRASTQIAPV
RDRDVDAGSTNFIIPGIKPMTGKMRLPRYRGKTAINVEFLVQYKPDQLDWSNAIASRE
QYDAWCDAVKREYAIEDEEQFTTLLGGLMVWCIENGTSPNLNGTWSMMDKGEQLVYQL
KPIIENAQHTFRQLMAHFSDAAEAYITMRNVTERYMPRWGALRGLNDISLARYAFDFY
VVTSKTTNRAREAHTQMKAAAIRGSNTRLFGLDGDLGPGEENTERHTVEDVKRDMHSL
LGMKHE”

mat_peptide

<129..1112

/product=”P1 protein(P1蛋白)”

mat_peptide

<1113..2483

/product=”HC-PRO protein(HC-PRO蛋白)”

mat_peptide

<2484..3524

/product=”P3 protein(P3蛋白)”

mat_peptide

<3525..3680

/product=”6K1 protein(6K1蛋白)”

mat_peptide

<3681..5582

/product=”CI protein(CI蛋白)”

mat_peptide

<5583..5741

/product=”6K2 protein(6K2蛋白)”

mat_peptide

<5742..6311

/product=”VPg protein(VPg蛋白)”

mat_peptide

<6312..7040

/product="NIa-Pro protein(NIa-Pro蛋白)"

mat_peptide

<7041..8600

/product="NIb protein(BIb蛋白)"

mat_peptide

<8601..9500

/product="coat protein(外壳蛋白)"

CDS(编码序列)

<2948..3193

/note="pretty interesting potyviridae ORF"

/codon_start=1

/product="PIPO(PIPO蛋白)"

/protein_id="AUZ17918.1"

/translation="KISRPIKRRMESIKIVGKIFTNHAYIILQNLINTLILRKESRSA
RFERTKHHIAQALFWCSEGSLEWCPNRWVEVRHRNSI"

附录E 麻蕉束顶病毒（ABTV）基因组序列特征

■ Abaca bunchy top virus isolate Q767 segment DNA-R component (GenBank: EF546813.1)

```
00001 ggcaggggggg cttattatta cccccccctgc ccgggacggg acatttgcat
00051 ctataaatag aagcgccctc gctcaaccag atcaggcgct gcaatggcta
00101 gatatgtcgt atgttggatg ttcaccatca acaatcccga agctcttcca
00151 gagatgaggg aagaatacaa atacctggtt taccaggtgg agcgaggcga
00201 aagcggtaca cgacatgtgc agggctatgt tgaaatgaag agacgaagtt
00251 ctctgaaaca aatgagggct ttaattcctg gtgcccatct cgaaaagaga
00301 aggggcacac aggaagaagc tagagcttat tgtatgaagg cagatacgag
00351 agtcgaaggt cccttcgagt ttggtctttt caaagtatca tgtaatgata
00401 atttgtttga tgtcatacag gatatgagag aaacgcacaa acggccgatt
00451 gagtatttat acgactgtcc taatacctttc gatagaagta aggatacatt
00501 atacagggta caagcggaaa tgaataaaat gcaagctatg atgtcgtggt
00551 cggaaaccta tggttgctgg acgaaggaag tggaggaact aatggcggag
00601 ccatgtcacc gacggattat ttgggtctat ggcccaaatg gtggtgaagg
00651 taaaacaacc tatgcgaagc atctaatcaa gaccagaaat gcattttata
00701 cacctggcgg aaagacactg gatatatgta ggctgtataa ttatgaggga
00751 attgtaatat ttgatattcc cagatgcaaa gaggattact tgaattacgg
00801 aattcttgag gaattcaaga atggcatcat tcagagcggg aaatatgaac
00851 cagttttaaa aattgtagag tatgtggagg tcattgtcat ggctaacttc
00901 ctgccgaagg aaggaatatt ctcggaagac cgaataaagc ttgtaacttg
00951 ttgaacacgc tatgcaataa aggggaaaaa tgcaattatg acctgtcacg
01001 tttacacttt tcgtaaagat gtagggccga aggccctaat gacgcgtgtc
01051 atattctcta tagtggtggg tcatatgtcc cgagttagtg cgccacgtg
```

CDS（编码序列）

>94..954

/codon_start=1

/product="putative replicase protein(复制起始蛋白)"
/protein_id="ABP96965.1"
/translation="MARYVVCWMFTINNPEALPEMREEYKYLVYQVERGESGTRHVQG
YVEMKRRSSLKQMRALIPGAHLEKRRGTQEEARAYCMKADTRVEGPFEFGLFKVSCND
NLFDVIQDMRETHKRPIEYLYDCPNTFDRSKDTLYRVQAEMNKMQAMMSWSETYGCWT
KEVEELMAEPCHRRIIWVYGPNGGEGKTTYAKHLIKTRNAFYTPGGKTLDICRLYNYE
GIVIFDIPRCKEDYLNYGILEEFKNGIIQSGKYEPVLKIVEYVEVIVMANFLPKEGIF
SEDRIKLVTC"

■ Abaca bunchy top virus isolate Q767 segment DNA-U3 component (GenBank: EF546809.1)

00001 agcagggggg cttattatta cccccctgc tgggacggga catccgaata
00051 gtaatgggct taatacataa atgggccgcc aaataagcgt acagttcagt
00101 atcttcgttt tgggcctcgg cccaaaatta agagaacgtg tgcgcttgtt
00151 tgggttggac cgtaggtccg gttcgaatga ggaatattcc ttgcttccat
00201 aggaaggaac agcgaaataa aataaatcgc tgttacacgt gtaagaatac
00251 tattagttcg cagagtttat aaatacctt caagttgaag ggtgtggtgc
00301 tctctctctt ctgtcagacg gtgtgccatg atgaagctct ccgggaggaa
00351 agaagggcgg aggtggagga gccgcctcgc ccgtccctcc gacgaagtat
00401 acgaagtcgt aggtatgtca gggtatttat agaagcgtcg tatactaaac
00451 gcgcctgtat cataattgta tttgtgtatt taaatattta aataccaaac
00501 cttaaggaat aaaatatatg tttaataaaa taacacatga caataaaaga
00551 aaacaataat acaataataa aattgtatta tgcaaacgtt gtataattaa
00601 ggtctgttta atatacatat atatatgtat attacagtat tgtttaaaat
00651 aaatgacttg gaaggaaata ataatattaa tgataagcaa taaaatattc
00701 cgaatacata aaaaggggaa aatgcaatta agacctgtca cgtttacata
00751 tttcgaatat attaagggcc gaaggcccgt cagtatgcag gtacatcagt
00801 gattgcttcg tgacgaagca agggtattat tgtaaataag aaagcatctg
00851 acaactttaa tagtggtccc ctatacagct gtcatatgac agctggcaaa
00901 ggatcattgg gcggactcca aatatatatt aaatataaca tataaaatat
00951 ataaggtata gatactatta ttaattaaaa gaggcgggaa agaggacacg
01001 tgcgccgcac gccactttag tggtgggcca tatgtcccga gttagtgcgc
01051 ttacgtc

CDS(编码序列)

None.

■ Abaca bunchy top virus isolate Q767 segment DNA-S component (GenBank: EF546810.1)

```
00001 ggcagggggg cttattatta cccccctgc ccgggacggg acattctgtg
00051 atgggctggg ctttatgcgg ccaaataagc ccataaagcc agatctgggc
00101 ccatttaagg gcccgtggtt tgaaaatgtc gcgttcccgc caaaatagtt
00151 gcttgctctg caagcaaact atatctatta taaataccag atgtaatggt
00201 tgcctgagaa tgaaaataaa aggatggcga ggtatccgaa gaaggcgcta
00251 aagaagagga aggcggtacg ccgtaagtat ggaagtaaag ctacgaccag
00301 tcatgattat gctgttgata cttcatttat tgttcctgaa aatactatta
00351 agctgtatcg tattgagcct actgataaaa cattacccag atattttatc
00401 tggaaaatgt ttatgttgtt ggtatgcaaa gtcagaccag ggcgtatact
00451 tcattgggcg atgattaaga gctcttggga tgtgaaggat ccaacagttg
00501 ttcttgaagc gcctggattg tttatcaagc cagcaaacag ccatctggtt
00551 aaactggtat gcagtggcga gttagaagct ccagtaggag gagggacttc
00601 agaggttgaa tgtcttctac ggaagacaac tttacttcgt aggaatgtta
00651 cagaattgga tttcttgtat ttggcgtttt attgttcttc tggagttaca
00701 atcaactacc agaacaggat tacatatcat gtataaacca cataaaataa
00751 atgtggtgtt gcaggcatgg gaagaataaa acaatgtttg cctacgaaat
00801 atttggtaa agtgaaatta tgacctgtca gaattaagtt tagaatgaac
00851 tgaggccgaa ggcctcaccg aggccgaagg ccgtcaagtt ggatgaataa
00901 aatacaaggt ataagtacga agagcggtat aatatctgaa aggaaataat
00951 aataatataa taaaatatta tgatgtccca aaatagcaga atgctaaagg
01001 aacaaaagga tgctctaagt acagggttgc gtgctctgga cgccacttta
01051 gtggtgggcc agatgtcccg agttagtgcg ccacgtg
```

CDS（编码序列）

>224..736
/codon_start=1
/product="putative coat protein(外壳蛋白)"
/protein_id="ABP96962.1"
/translation="MARYPKKALKKRKAVRRKYGSKATTSHDYAVDTSFIVPENTIKL
YRIEPTDKTLPRYFIWKMFMLLVCKVRPGRILHWAMIKSSWDVKDPTVVLEAPGLFIK
PANSHLVKLVCSGELEAPVGGGTSEVECLLRKTTLLRRNVTELDFLYLAFYCSSGVTI
NYQNRITYHV"

■ Abaca bunchy top virus isolate Q767 segment DNA-M component (GenBank: EF546811.1)

```
00001 ggggctgggg cttattatta cccccagccc cggaacggga catcacgtgc
00051 ctccctgtac acgcacgtga catcaaatgg cttgctgygc aagatagaaa
00101 ggcttcctgc ggaagccagg catcatatat gggttgtaga ggatcagccg
00151 actctataaa tatagggagg cgtggtcatg ggattgacag gagaacgagt
00201 gaaacaattc tttgaatggt ttctgttctt ctcagcaata tttgttgcaa
00251 taacaataat atatatattg ctggcagttc tccttgaact accgaagtat
00301 attaagggtt tagtacaata cgtagtggag tatattacta gacgacgggt
00351 atggacacgg aggacccaat tgacagaggc aaccggagga ggcgatatag
00401 aagctgtagg gcatgacagt caggcgtata cgcatactgt tatgccatst
00451 gttccaccag ttagcgctcc tatatcaaat aggagagctg atcagcctct
00501 tcgatcaagc gccggaccaa tgttttaaat acccgtgata tttaatatgc
00551 aagtgtataa atacccattg tagatctgtt tgtaacctga atatgcaaag
00601 tatataatac tttgttgtaa tgtataagta cattaataat atacgaagta
00651 taatgttgat gcgatgtctt cggaaaatga agtataccca aatacacaaa
00701 aaaacatata tgtggtgtat acttattgtt aagtataata aaattataat
00751 acaaacaaat atattgtgta ttataataca taaaagaaga cagagctgtg
00801 aagttaagta agaaagcgac ggattcgtat tggataatat gattcgcgga
00851 gcattactta acggcgaagt aaagcatcag acaagaatat gacagctgtc
00901 atatcaacta aaaagcatag cttgccgagc acgctatgca atataaggga
00951 aaaatgaaat aatgacctgt cacgtttaca cttttcgtaa agatgtaggg
01001 ccgaaggccc taatgacgcg tgtcatattc tctatagtgg tgggtcatat
01051 gtcccgagtt agtgcgccac gtaa
```

CDS（编码序列）

>178..528

/codon_start=1

/product="putative movement protein(运动蛋白)"

/protein_id="ABP96963.1"

/translation="MGLTGERVKQFFEWFLFFSAIFVAITIIYILLAVLLELPKYIKG
LVQYVVEYITRRRVWTRRTQLTEATGGGDIEAVGHDSQAYTHTVMPXVPPVSAPISNR
RADQPLRSSAGPMF"

■ Abaca bunchy top virus isolate Q767 segment DNA-C component (GenBank: EF546812.1)

```
00001 ggcaggggg cttattatta ccccccctgc ccgggacggg acatcacgtg
00051 cgcctataaa gaagcacgtg atgatgtgac atatgtttgc cgtaagctgt
00101 acaaaagcga atgctttatt gctttattcg ttgcttagcc cctaagcaac
00151 ctggtagtgg gatgtggtcc ctgatgcgaa gcagctttgt tgttgctatt
00201 tatatctgtg ttcgccatgt aaaatgcgaa atacaacgct gatcagaatg
00251 gagttctgga attcggaagc atttgcgac gatgtgaagc gtgtcattaa
00301 gcaaaaatat tgggaagagc ggatgaaatc tctatttata gagaaggtga
00351 gtggttatgt tcgaaggatt cttgtttatg gtaatcttga tgataccata
00401 tatgcggttc agcaaatgaa gacttctata gttcagtgtg ctgaacgttt
00451 cggtaaagcc tgtgtggtgg tatataatgg tttggatcca tcaataggtt
00501 tccgattaca cactatggcg ttcttcttcg aagaatatgt tgaggaagtg
00551 agtactgcag atccaatggc ggttcagtta ttttgtgatg aagaaataga
00601 agaattctca aattctgatg tacgccttat taaaaatgtt attatggcat
00651 cgacagatgc atcgattgat gtaggaaatt gtattcagat aataatatct
00701 gataatgtaa taacattcta tatatgttaa cttcatttat acataagaat
00751 gaatgaagtg gtttatttat gatttttaga atataatcat aaatggtaaa
00801 ccttaagcaa aaccacccta aaacaaataa acctctctga catacaaccc
00851 tctataaaat aaagcccatg taagattcaa atttagaatg aaaaatgggc
00901 cgaaggccca tataaatgca tttaaggccg aaggccttat aattgcagga
00951 agaaaagaac acggttttgc ttacgtggcc tgtgggccat atgtcccgag
01001 ttagtgcgcc acgtg
```

CDS（编码序列）

```
>248..730
/note="Clink"
/codon_start=1
/product="putative cell-cycle link protein(细胞周期连接蛋白)"
/protein_id="ABP96964.1"
/translation="MEFWNSEAFCDDVKRVIKQKYWEERMKSLFIEKVSGYVRRILVY
GNLDDTIYAVQQMKTSIVQCAERFGKACVVVYNGLDPSIGFRLHTMAFFFEEYVEEVS
TADPMAVQLFCDEEIEEFSNSDVRLIKNVIMASTDASIDVGNCIQIIISDNVITFYIC"
```

■ Abaca bunchy top virus isolate Q767 segment DNA-N component (GenBank: EF546808.1)

```
00001 agcagggggg cttattatta ccccccctgc tcggggcggg acattctgtg
00051 atgggctggg ctttatgcgg ccaaataagc ccataaagcc agatctgggc
00101 ccatttaagg gcccgtggtt tgaaaatgtc gcgttcccgc ctaaattgtt
00151 tgcttgccct gcaaggaaac gaaaactcta taaatagggt tgttctctgc
00201 ttgtttaata catcaggcgc aaatcttttg caacgatgga ttggatggaa
00251 tcacaattca agacatgtac gcatggctgc gactggaagg cgatagctcc
00301 agaagcacaa gataatatac aggtaattac atgttccgat tcaggttacg
00351 gaagaaagaa ccctcgtaag gttcttctga ggagtattca gatagggttc
00401 aatggaagct tcagaggaag taatagaaat gttcgaggct tcatatacgt
00451 gtctgtaaga caggatgatg gccaaatgag accaattatg gtcgttccat
00501 tcggagggta tggatatcat aacgactact attattttga aggacaatcc
00551 agtacgaatt gtgagatagt gtcggactat attccggccg gtcaagactg
00601 gagcagagat atggagataa gtataagtaa cagcaacaat tgtaatcaag
00651 agtgcgatat caagtgttat gtagtatgta atttaagaat taaggaataa
00701 wattgttgcc gaaggtctgt tatttgaatg ttgagataag gaaaggggcg
00751 gcgaagcatg tgtgtataat aacatataac acactattat atattttgta
00801 aagaataaaa ttatgacctg tcagattaag tttagaatga actgaggccg
00851 aaggcctcac cgaggccgaa ggccgtcagg atggttttac aaaataatta
00901 taagcacctg tactaagtac gaagagcggt ataatatctg aaaggaaaaa
00951 ataataatat aataaaaata ttatgatgtc ccaaaatagc agaatgctaa
01001 aggaacaaaa ggatgctcta agtacagggt tgcgtgctct ggacgccact
01051 ttagtggtgg gccagatgtc ccgagttagt gcgccacgtc
```

CDS(编码序列)

```
>236..700
/codon_start=1
/product="putative nuclear shuttle protein(核穿梭蛋白)"
/protein_id="ABP96961.1"
/translation="MDWMESQFKTCTHGCDWKAIAPEAQDNIQVITCSDSGYGRKNPR
KVLLRSIQIGFNGSFRGSNRNVRGFIYVSVRQDDGQMRPIMVVPFGGYGYHNDYYYFE
GQSSTNCEIVSDYIPAGQDWSRDMEISISNSNNCNQECDIKCYVVCNLRIKE"
```

附录 F　香蕉轻型花叶病毒（BanMMV）基因组序列特征

■ Banana mild mosaic virus isolate MH1, complete genome (GenBank: MT872724.1)

```
00001 aacaaaacaa aacaaaacaa aacagaaact cagctaacaa ctgcagttaa
00051 ctgtcttgtt gcaatggctt tccatcatcg cactggagcc caagttttgt
00101 tgaattctct aaactcagat gaacagacca aagtgattaa agaggctgtt
00151 acagctctga agaactacga gtctcataac ttgagtgtca gtccttactg
00201 catgtcagat aaggcccgac ttctcttgga tgagtctggt atcccacttt
00251 cttcaacgcc attcacctct cattcacacc cagtctgtaa aactttggag
00301 aatcacttgc ttttcaatgt actacctagc tatatcaaag ataattcctt
00351 tgtaattata agcatgaagc aggaaaagtt caatcttttt tctgccagaa
00401 gtaaattacc ttttctggaa ttggttaatc ggtttgtgac tgtaaaggat
00451 gttgttcgat atagtaatga ttatgttgtg catagcagta aagagggctt
00501 caactatagg tctgcagatg cattttttaag ttccaactct ttaattccag
00551 tcctcaaaaa aaaagttgaa ttagatcctg ataagaggaa aaaaaacctt
00601 aatatattca tgcatgacga gctacattac tggggctact cagaactgtc
00651 atccttcctt gacttgtata agcccaatgt tatcgtaggt acccatatat
00701 ttccaaagga gatcatgaag ggtacacca aatcagttaa ccccactgtc
00751 taccaatttg aaattgatgg ggacaacttt catttttttc ctgatggcaa
00801 gaggacagag tgctacacgc aaaaaatttc ctcccaattt cttctgaggg
00851 ctaggaaaat aatcacaaag agtgggcaga tatacactgt gtctgttcct
00901 tacaccattt ttgcacactc catagttata atcaagagag gtgattttga
00951 aactgaacac gtccggtttt ttgatcaaag tgaatgcctg gatctgtctg
01001 acatttgtaa atttgggact aatttttcaa aaggggtggc aatctcaact
01051 gaaatgcttg tcaacatgat atcatatctg aagagtctca aaaaacctga
01101 tgtccaatca gcaatagcca agttaagaat gttcaaggaa gatgtgacag
01151 gagaggaaat acaatttata actgaattca caacaatgct aattaagaac
01201 catgaatcaa acaaaatgat aactaatgat tggttcaaca ataaaattgc
```

01251 tgatctgctt gaatttgccc ctcaaggtat cagaaagttc tttaagtgtt
01301 ataaacagag caaaatggct gatttgttaa acgggttggg gcgagtgatt
01351 gttagaattc atacagttat atttgacaaa gaatacaaaa aggaagagaa
01401 aactcttgag actctgggga aaattaagaa gatcaacaaa tctgataggt
01451 tgaatttgaa taaacaaggt aatgcaagat acgcctcagc ctacaacaaa
01501 aaggatagca aaattatgct atctggatta aacaaagcac agcgggttgc
01551 aaggaaagaa gaactcatct ccaaatcaaa ttgctcaatc tctgaagcct
01601 gcaagcataa cattgaaggc aaggtgacgc ccggttttga tcccctgggg
01651 acctcaggtg ggactttaaa tgatgttgat tacaatggtt ttaaaatact
01701 agcagaacaa actttgctga gggctaacgg gggtcacatg tatttgactt
01751 ttcattcttg tgctagaact tctgtgtata tttcaaaaaa cggaaaaaaa
01801 aagaaaaacg atcaaaaaag gattgagaat aagagtgaaa ttgaagattc
01851 ttttgtggac attactgata tggacttctt ggaaacaatc tttgaaaaag
01901 aaaaatacaa aaagaactta gaagatgaga caaaaggaaa aaaaagagaa
01951 actaatgaac aggttgaaga atccagcttg gttttgaatt tagatcaatc
02001 tgagggtact caaattaaca tccctactga gcaatcaaca ttacaaacac
02051 aagaagaaaa taggcagcga aactctggac aaacaaatat aatgggacca
02101 atcaaaacat ttaagtatgc agaatacaat ttcaatgatg agaaatatat
02151 tccaattgaa aggtttaaca aaattaatgt caatggtgat gggaactgtc
02201 tttttcactg tgctgcatta aaaagtggtt tttctgttga ccaactcaaa
02251 aagataatta gaaactcaat gaatgacatg cagcttgatg atgtacagaa
02301 ggatcttctg attcaagaat taaatttagt ggagctccca ggttcactat
02351 cgataggtgc catatctttt gctcttgata tggggattca agtgatagaa
02401 tatgaagaaa gcaaaatgaa atgtagtatg atcaatgcgg aaccatatat
02451 aaatcttctt ttacaggatg cccactttca actcctggaa ctgaagaaca
02501 tttgtgttat caaatgcata tctaaaatta taaagaggcc atgcttttac
02551 gtcatgaaga gaatatacaa ctcttgcagg cacatttatc acgaattgca
02601 agagggccat ggccttgata tcaccttctt aggcgaatta ttcaacaacc
02651 taggattgca cataaaggtg caccttgagg gagaaatctt tgaatttgga
02701 ggtgtgggtc ctgtggctga agtgttaatt gaaaataatc acatggacct
02751 tctggacaag ccagcatttg ttgatgggtc ccactcttca aaagtagaac
02801 gaaatattct ggttcctgaa gataaactca aaagtttaac aattctcaac
02851 aaaaggtata taataccatc agaagctaga gtttctaggc tttatgaaag
02901 tttcttagat ggttacacag gggtcattgc ttctggaatt ttgagggatc
02951 gtaaaacctt gtttgattac tctgagagaa tgatcagttt tcacgttgga
03001 acttttgggt caggtaaatc aaggggtttc atcaatttct gtcgagctaa

```
03051 tcaaggttat tccatacttg taatttcacc tcgaaaagaa ctggctaatg
03101 atttaattga aaagatgcgc ctatctaaca agacgtctat taaagtgtgc
03151 acctttgaaa ctgcacttag ttttatgccc tggagtggca atctgattat
03201 catcgatgaa cttcaactct gccccccagg ttacctagac ttgttggttg
03251 caatgtcaaa taaaaacaca agattcatag caactggaga tccttgtcaa
03301 gcatcttatg ataatgaatc agatcgttca atatttgatg aagtacccac
03351 ggactttgag taccacatga tgggggagga atacagctac aatgcgacct
03401 cacacagatt ctccaacaca aactttaatt ctagaatgcc agcaaatttg
03451 cgattcaaag aaccaacaaa cgaatcatgg atgtttgaat ctgacattga
03501 tgcgatcaaa aagagtgaaa cagatgccat attggtttct tcatttggtg
03551 agcttggtta ctataagaaa atctttaaga acaaaagggt gataactttt
03601 ggtcaatcta ctggtttgac ctttgagaga gccacagtcg tagtttctag
03651 aacttctttt tccactgatg agaaacggtg gcttgttgct ttgactagga
03701 gcagaatgtc aatcattttt ttctttgagg aaactctgtc acctgaggtg
03751 gtccttgaaa ttgatccaga ccacttgctt tcattattta tgacagagag
03801 agctagtgta gaaacactat ttgaaaaaaa tttcctcaat tcgaaggcta
03851 agatagtcag tagtttcaaa attggagctg atgaaattga tagagaggag
03901 agactacagg gagatccttg gctcaaaagt atgattgatt tggcccagag
03951 accatttacc tctgaggaag agatgactga agcagatatt aaagagaatt
04001 ttggaaaagt tcatgtgcct attgaggaaa aggaggtcta tagaacaaga
04051 attgttgatt tattcactcc aaaggaaaga agggaaatga ggatcaggaa
04101 tatgcaaagt cagcaattct cagataaaga agaactgagg aataaaaatt
04151 tgattacaaa tcaagctcaa aaatttgaaa gcatttatcc aaggcatcgc
04201 aattcagata cagtgacatt tctaatggcg gtcaagaaaa gactaaattt
04251 ttctcaaccc agaaaagaga tgcaaaaata cttaatgaac aaaaggaagg
04301 gcgaggaaat ggctgatgct tttgaaagat tgatacctat taagagcaat
04351 ttctctgtga ccaaattttt ggaagcaaag ggtgaatttg agaagaaaaa
04401 acttgagaag agtaaggcca caataactaa tcatgctcag cgttcaagca
04451 gagaatggaa aatagatgag gctcttatat tcatgaaaag tcagctatgc
04501 accaaatttg agaaaagatt tgtagaagca aaagctggtc aaacattggc
04551 ttgtttttca cacatagtgc tatgtaggtt tgccccatat ataaggtaca
04601 tggagaaagt gatcaatgag aatcttcctg agaattttta tattcacaat
04651 ggcaaaaatt ttgatgaatt gaatgactat gtcaagagac acaatttcaa
04701 tggagagtgc atagagtctg attatgaggc gtttgatgct tcacaggaca
04751 gccaaatatt agcttttgaa gttgctataa tgagaaggat gaatatgcct
04801 caagaattta ttgacgatta tatttggcta aaatgcaatt tgagaagtaa
```

04851 attaggcaac atggcgatca tgagattcac aggtgaagct gccacgtttc
04901 tcttcaacac aatggcaaat atagtttta caatcatggc atacgatttg
04951 aaaggcaatg aatgcatcct atttgctggt gacgacatgt gtatgaatac
05001 ggtaaggaga gcaaataaca attacactca catactcaag aatttgaaac
05051 tgaaagcaaa ggttgggata acaaaggaac ccacattttg cggatggagg
05101 ctcacaacac atgggatata caagaagcca caacttattt tggagagatt
05151 tatgatagca atcgagaatg gtaacttaga aaattgcatt gacaattatg
05201 ccattgaatg ctcatatgcc tataaattag gtgaccggct agtgtcaatg
05251 ttttctgaag aagaaagttg tgctcattac attttggtaa gatacattgt
05301 gaaaaaaaga aatttgctga aatgttcagt tagtgagctg tttaaaaact
05351 gtgatgaaca gctctgtgga aagattaaag caattaattg aaagtagtgg
05401 tttcattgcg acaagcaata tcattactga taagattgta atacacggag
05451 tggccggcag tggaaaaagt acattaacaa agaaacttgc agaacttgat
05501 gaattcaacg ttgtaaacac actctcaaaa gaggaaattg atctttcagg
05551 tcaatacatt aaaaaagatt tggttacttt tgagaataaa gtcaacgtgc
05601 ttgacgaata tctgtcagtt gactgccaca aggggtttca ggtgctcttg
05651 gctgatccat ttcaatatcg gaaaaaacct tacaaagcaa attttgttaa
05701 gaacattagc catagattca aaagagaatt aatcccaatt ttgtcagaga
05751 ttgggataaa catagaggcc accgaggaag gacttgaaat tctgagaggt
05801 tcagcttttg agatcgaacc aaaagggaaa gtaatagcaa ttgagactga
05851 agttgctgaa tatgtctcaa aacatggctt agaagtgcac aactctagct
05901 gcattcaggg tcaagaattt gatgcagtta cattttatca cgctaaagaa
05951 ctaaaggaac ttgaaagatc tgagttgtac acagctttga ctagagttaa
06001 aaaggaactc agaattttgc aactttgatg gccttatcca ggccacctga
06051 ttatacaaag gtactatttg ttggatctct ggcggttggc acggcaattg
06101 taatccactt tctgaggaag aatgaacttc cacacgtcgg tgacaatttg
06151 catcacttgc cctacggcgg ttcatattgt gatggaacaa aaagcataaa
06201 ttacagaggt aatcagagca aatctcaacc cttcgtcttc aaccctctac
06251 tgctgatctt cactttgagt gcattgatat atgctctgtc gaaacatgat
06301 tcgctatctg ttaatgttca tagttgtggt gcttgtcgca atgtacatat
06351 tagacatagt agataataag ggtttgaata gcttgtgtta tattgaagtt
06401 aatggcaata aagcttttgt tagaggttgt gaaataaatg agcagctagc
06451 cgcggtgatt agagagctga agccagttaa gctcacgcgt taaatatcac
06501 ttaggttttg gtgatgcttg ttgattaaat atatgtttgt gtgaattgaa
06551 caagtacaga caaatgacta ctgaagaaaa gaagagcggg atggtcaatg
06601 ctggctttga cgctttcgca cacaaactta gcaaaagact tgaaaagaaa

06651 gagtacgacg gctcaagcat gttcactcaa cccacaattg aacagatggc
06701 aaaatttgaa ttcaggaacg tatgtatgga cattgccacc aaagctgaac
06751 ttgaatggat atctgaaagc tggaacatgc gtttaaatct gccaagggaa
06801 aagaattttg aaacagcatt ggagattgct gagatctgta ggcataatgg
06851 ctccagttca gacataacat tcaaaggtag gggcaagagt ggaattgagc
06901 tctctgcttt agttgctgca ataagagaga tatgcccttt aagacagttc
06951 tgcagggcct atgcaaatct tgtgtgggaa aaatcactag ctgaaagaaa
07001 tcctcctcaa cactggcaaa aacgcggttt caaagagaaa gttaaatttg
07051 ccgcatttga cttcctggac gctgtcggtt ctgacgcagc tataatgcct
07101 ccaacgggaa tttcaaggtt accgactgat gaggaaataa acgccaatct
07151 ggctgcgaaa aatattgctg ttatcaattc agccagaagg aaaggtaaca
07201 acactattca aaatttggag gtgactggag gtagatcatg agttaatcca
07251 gagggcatga gtcttaaact aaatagttaa ttttcgaaaa gattgcaaat
07301 aaagtctaaa taatatataa gtttgtaagg ataaaa

CDS（编码序列）

<64..5391
/note=”RdRp”
/codon_start=1
/product=”RNA-dependent RNA polymerase(RNA依赖的RNA聚合酶)”
/protein_id=”QVD99720.1”
/translation=”MAFHHRTGAQVLLNSLNSDEQTKVIKEAVTALKNYESHNLSVSP
YCMSDKARLLLDESGIPLSSTPFTSHSHPVCKTLENHLLFNVLPSYIKDNSFVIISMK
QEKFNLFSARSKLPFLELVNRFVTVKDVVRYSNDYVVHSSKEGFNYRSADAFLSSNSL
IPVLKKKVELDPDKRKKNLNIFMHDELHYWGYSELSSFLDLYKPNVIVGTHIFPKEIM
KGYTKSVNPTVYQFEIDGDNFHFFPDGKRTECYTQKISSQFLLRARKIITKSGQIYTV
SVPYTIFAHSIVIIKRGDFETEHVRFFDQSECLDLSDICKFGTNFSKGVAISTEMLVN
MISYLKSLKKPDVQSAIAKLRMFKEDVTGEEIQFITEFTTMLIKNHESNKMITNDWFN
NKIADLLEFAPQGIRKFFKCYKQSKMADLLNGLGRVIVRIHTVIFDKEYKKEEKTLET
LGKIKKINKSDRLNLNKQGNARYASAYNKKDSKIMLSGLNKAQRVARKEELISKSNCS
ISEACKHNIEGKVTPGFDPLGTSGGTLNDVDYNGFKILAEQTLLRANGGHMYLTFHSC
ARTSVYISKNGKKKKNDQKRIENKSEIEDSFVDITDMDFLETIFEKEKYKKNLEDETK
GKKRETNEQVEESSLVLNLDQSEGTQINIPTEQSTLQTQEENRQRNSGQTNIMGPIKT
FKYAEYNFNDEKYIPIERFNKINVNGDGNCLFHCAALKSGFSVDQLKKIIRNSMNDMQ
LDDVQKDLLIQELNLVELPGSLSIGAISFALDMGIQVIEYEESKMKCSMINAEPYINL
LLQDAHFQLLELKNICVIKCISKIIKRPCFYVMKRIYNSCRHIYHELQEGHGLDITFL

GELFNNLGLHIKVHLEGEIFEFGGVGPVAEVLIENNHMDLLDKPAFVDGSHSSKVERN
ILVPEDKLKSLTILNKRYIIPSEARVSRLYESFLDGYTGVIASGILRDRKTLFDYSER
MISFHVGTFGSGKSRGFINFCRANQGYSILVISPRKELANDLIEKMRLSNKTSIKVCT
FETALSFMPWSGNLIIIDELQLCPPGYLDLLVAMSNKNTRFIATGDPCQASYDNESDR
SIFDEVPTDFEYHMMGEEYSYNATSHRFSNTNFNSRMPANLRFKEPTNESWMFESDID
AIKKSETDAILVSSFGELGYYKKIFKNKRVITFGQSTGLTFERATVVVSRTSFSTDEK
RWLVALTRSRMSIIFFFEETLSPEVVLEIDPDHLLSLFMTERASVETLFEKNFLNSKA
KIVSSFKIGADEIDREERLQGDPWLKSMIDLAQRPFTSEEEMTEADIKENFGKVHVPI
EEKEVYRTRIVDLFTPKERREMRIRNMQSQQFSDKEELRNKNLITNQAQKFESIYPRH
RNSDTVTFLMAVKKRLNFSQPRKEMQKYLMNKRKGEEMADAFERLIPIKSNFSVTKFL
EAKGEFEKKKLEKSKATITNHAQRSSREWKIDEALIFMKSQLCTKFEKRFVEAKAGQT
LACFSHIVLCRFAPYIRYMEKVINENLPENFYIHNGKNFDELNDYVKRHNFNGECIES
DYEAFDASQDSQILAFEVAIMRRMNMPQEFIDDYIWLKCNLRSKLGNMAIMRFTGEAA
TFLFNTMANIVFTIMAYDLKGNECILFAGDDMCMNTVRRANNNYTHILKNLKLKAKVG
ITKEPTFCGWRLTTHGIYKKPQLILERFMIAIENGNLENCIDNYAIECSYAYKLGDRL
VSMFSEEESCAHYILVRYIVKKRNLLKCSVSELFKNCDEQLCGKIKAIN”

CDS（编码序列）

<5354..6028
/note=”TGB2”
/codon_start=1
/product=”triple gene block protein 2(TGB2蛋白)”
/protein_id=”QVD99721.1”
/translation=”MNSSVERLKQLIESSGFIATSNIITDKIVIHGVAGSGKSTLTKK
LAELDEFNVVNTLSKEEIDLSGQYIKKDLVTFENKVNVLDEYLSVDCHKGFQVLLADP
FQYRKKPYKANFVKNISHRFKRELIPILSEIGINIEATEEGLEILRGSAFEIEPKGKV
IAIETEVAEYVSKHGLEVHNSSCIQGQEFDAVTFYHAKELKELERSELYTALTRVKKE
LRILQL”

CDS（编码序列）

<6028..6366
/note=”TGB3”
/codon_start=1
/product=”triple gene block protein 3(TGB3蛋白)”
/protein_id=”QVD99722.1”

/translation="MALSRPPDYTKVLFVGSLAVGTAIVIHFLRKNELPHVGDNLHHL
PYGGSYCDGTKSINYRGNQSKSQPFVFNPLLLIFTLSALIYALSKHDSLSVNVHSCGA
CRNVHIRHSR"

CDS（编码序列）

<6281..6493
/note="TGB4"
/codon_start=1
/product="triple gene block protein 4(TGB4蛋白)"
/protein_id="QVD99723.1"
/translation="MLCRNMIRYLLMFIVVVLVAMYILDIVDNKGLNSLCYIEVNGNK
AFVRGCEINEQLAAVIRELKPVKLTR"

CDS（编码序列）

<6564..7241
/note="CP"
/codon_start=1
/product="coat protein(外壳蛋白)"
/protein_id="QVD99724.1"
/translation="MTTEEKKSGMVNAGFDAFAHKLSKRLEKKEYDGSSMFTQPTIEQ
MAKFEFRNVCMDIATKAELEWISESWNMRLNLPREKNFETALEIAEICRHNGSSSDIT
FKGRGKSGIELSALVAAIREICPLRQFCRAYANLVWEKSLAERNPPQHWQKRGFKEKV
KFAAFDFLDAVGSDAAIMPPTGISRLPTDEEINANLAAKNIAVINSARRKGNNTIQNL
EVTGGRS"

附录 G 香蕉 X 病毒（BVX）基因组序列特征

■ Banana virus X isolate Som, partial complete genome (GcnBank: NC 043086.1)

```
00001 gattgggatg taaaggaagc tttcattttt atgaagagtc agttatgtac
00051 aaaatatgaa aaaagatttt gtgatgcaaa ggctggccaa actctcgctt
00101 gtttctctca catagtgttg tgcaggtttg caccatggat ccgatatata
00151 gagaaaaagg tcaatgaagt gcttcctaaa aattactata ttcacaatgg
00201 aaaaaatttt gatgaactta acgattgggt gattagacaa agatttaaag
00251 gattatgtac agagtctgat tatgaagcct ttgatgcatc acaagacgtc
00301 aatataatgg cttttgaggt cgcacttatg aggtacttac tgctacctga
00351 ggacttaatt gaagattaca tttttatcaa ggtcaatctc tattcaaaac
00401 ttggaaattt tgcagtcatg agattcacag gagaagccgg aacctttta
00451 ttcaatacac tagccaacat gacctttaca tttttgaggt acaaattgaa
00501 tggtaaagaa agtatttgct ttgctggaga cgatatgtgt gcaaatcaag
00551 ctttaattgt gaaaactgat tttgaggatc tcctatcaaa actgaaatta
00601 aaagcgaaag tggaaattaa aagggaggct tcattttgtg gctgggtttt
00651 aactgagcat gggatatata aaaaaccaca gttggtgtta gaaagattcg
00701 aaatttcaaa ggagagagga acctttgatg actgcctgga aaattatgca
00751 attgaagttt cctatgctta taagctttca gagaacggga ttctactcat
00801 gagcgaagaa gaacaagcta gccagtactt gtgtgttaga actgttgtgc
00851 aaaacaaatg taagctgaaa agctgggtgc gagaggtatt tgagtctgtt
00901 aagtaaagtg ttcacgctgt tgataaataa tgaatagagt gcatgaatac
00951 ttattagaat ctggctttgt tagaacaata aatcaaattt caaaaccagt
01001 ggttgtccat tctgtagccg gggcgggaaa atctacattc atcagaggag
01051 ttatcaccaa aatcccaaac acccaagctt tcacattagc agctgaggat
01101 aacccaaact tatccagcaa cagaatcagg agctttagag ttgaggagat
01151 tgatcagggg agggtcaaca tacttgatga atacttactg agagaggttg
01201 agcttgacca atttgatttc atatttgctg atccctgtca gatatcaagt
01251 atccagccac tagcagccca ttacattaag gagacaactg aacgagtacc
01301 tgccaaaatt tgctcttttc tacatgagtt tgggaatcat caaattaggg
```

```
01351 gaactaaacc aggtgtttta gacatagaag aattcttcgg ccctgcgcca
01401 actggtcaag ttctctgcta tcaaagagaa gtcttcgatt atctagctag
01451 ctactcaata gaggcaaaat tcccttgcca agttcagggg caagaatttg
01501 acaaagtaac cctgtttgtg ttaggtgacc ctaaagttga atccaaacgt
01551 ctagaattct attgctgtgc aacaagatca acttcctgct taactattag
01601 agcccaccaa tgagtttaag acaaccagag aacttttccg ggaaaatagt
01651 accagtgtgt gtgtcagtca caattggagt gatcttattc tttctaacta
01701 aaagtaacct cccacacgtt ggtgacaaca tacatagtct ccctcatggt
01751 ggcacttaca ttgatggttc aaagaaaata aattactgtt caccacagaa
01801 aaactttcca ggaaacaatc tcctacgaac cactgggtca ctgtttcacc
01851 ctgccatcct cgtatttctt ctaattcttg ccatctatgc atcaagtcgt
01901 ttgggtaatc gcagggtcat tattggtact tgcaactctc cacattgtca
01951 acaacataat taatattcga ccagaaggct gtagtgtgat aatcactggt
02001 gaaagtgtga agtttttcaa ttgtgtgttt gatgagaagt tcatagagtt
02051 tgccaagagt gttaaggcta ttaatcatag attaagttag agttgtctga
02101 tagttgataa ataagttggt tagttgttga gatagtttga ttagtaattc
02151 aagatgcctg atgttccacc aagaaaggaa atggaagcag ttcagaaaac
02201 aaaaaatcca cttggctcaa taacaaagga ggctatcaag gaactgaagc
02251 ttgaacctga aagtctgaat gtgatggata gcgttcaagc aaccagtctt
02301 gtaaatatcc tgaagagaaa ttacaaaact gatgaaaaaa ccatacaaat
02351 agccctgata gagctagctg cttactgtca ctcaaatggg agcagcccgt
02401 ttctggaacc agccggagaa tccaaaatcc ctgggtgttc attgtctgat
02451 ttagtggcct caataaaaga atcaaagtgc tctctgaggc aatgcaatgc
02501 tttctttgca aacataattt atgactggtc tattgaaaat ctagttgctc
02551 cagcaaactg gaggtcaagt gggtttcatg aagatacaaa gtacgctgca
02601 tttgacttct tccatggagt tggacaccca aatgctttag ttcctgaagg
02651 tggatgcaaa tacactcccc cagacaagga aatacatgct gccaacatca
02701 gtagacagca caaaataatt gacgcaaata taagcaaagg gaattccatt
02751 ctgaatattg gtgaagtcac tgggggtaga gaaggagtta gaagtaaact
02801 gcttcttcga aatgaattcc agacagaagt ctgaactttt agtttgtgtg
02851 tgcacatccc atgatatgtc taaagtagtg ggattaataa ataaaattgg
02901 gttttaagat attttcc
```

CDS（编码序列）

<1..906

/locus_tag="FK832_gp1"

/codon_start=1
/product="RNA-dependent RNA polymerase(RNA依赖的RNA聚合酶)"
/protein_id="YP_009664751.1"
/db_xref="GeneID:40524842"
/translation="DWDVKEAFIFMKSQLCTKYEKRFCDAKAGQTLACFSHIVLCRFA
PWIRYIEKKVNEVLPKNYYIHNGKNFDELNDWVIRQRFKGLCTESDYEAFDASQDVNI
MAFEVALMRYLLLPEDLIEDYIFIKVNLYSKLGNFAVMRFTGEAGTFLFNTLANMTFT
FLRYKLNGKESICFAGDDMCANQALIVKTDFEDLLSKLKLKAKVEIKREASFCGWVLT
EHGIYKKPQLVLERFEISKERGTFDDCLENYAIEVSYAYKLSENGILLMSEEEQASQY
LCVRTVVQNKCKLKSWVREVFESVK"

CDS（编码序列）

<930..1613
/locus_tag="FK832_gp2"
/codon_start=1
/product="triple gene block protein 1(TGB1蛋白)"
/protein_id="YP_009664752.1"
/db_xref="GeneID:40524838"
/translation="MNRVHEYLLESGFVRTINQISKPVVVHSVAGAGKSTFIRGVITK
IPNTQAFTLAAEDNPNLSSNRIRSFRVEEIDQGRVNILDEYLLREVELDQFDFIFADP
CQISSIQPLAAHYIKETTERVPAKICSFLHEFGNHQIRGTKPGVLDIEEFFGPAPTGQ
VLCYQREVFDYLASYSIEAKFPCQVQGQEFDKVTLFVLGDPKVESKRLEFYCCATRST
SCLTIRAHQ"

CDS（编码序列）

<1610..1963
/locus_tag="FK832_gp3"
/codon_start=1
/product="triple gene block protein 2(TGB2蛋白)"
/protein_id="YP_009664753.1"
/db_xref="GeneID:40524839"
/translation="MSLRQPENFSGKIVPVCVSVTIGVILFFLTKSNLPHVGDNIHSL
PHGGTYIDGSKKINYCSPQKNFPGNNLLRTTGSLFHPAILVFLLILAIYASSRLGNRR
VIIGTCNSPHCQQHN"

CDS（编码序列）

<1887..2090

/locus_tag="FK832_gp4"

/codon_start=1

/product="triple gene block protein 3(TGB3蛋白)"

/protein_id="YP 009664754.1"

/db_xref="GeneID:40524840"

/translation="MHQVVWVIAGSLLVLATLHIVNNIINIRPEGCSVIITGESVKFF
NCVFDEKFIEFAKSVKAINHRLS"

CDS（编码序列）

<2181..2834

/locus_tag="FK832_gp5"

/codon_start=1

/product="capsid protein(外壳蛋白)"

/protein_id="YP 009664755.1"

/db_xref="GeneID:40524841"

/translation="MEAVQKTKNPLGSITKEAIKELKLEPESLNVMDSVQATSLVNIL
KRNYKTDEKTIQIALIELAAYCHSNGSSPFLEPAGESKIPGCSLSDLVASIKESKCSL
RQCNAFFANIIYDWSIENLVAPANWRSSGFHEDTKYAAFDFFHGVGHPNALVPEGGCK
YTPPDKEIHAANISRQHKIIDANISKGNSILNIGEVTGGREGVRSKLLLRNEFQTEV"

附录 H　甘蔗花叶病毒 Ab 分离物（SCMV-Ab）基因组序列特征

- Sugarcane mosaic virus isolate Ab, partial complete genome (GenBank: AY222743.1)

```
00001 ccagtttgac agctcactaa ctccatatct tattaatgct gtgctacaca
00051 ttcgtttaca atttatggaa gactgggagt taggagccca gatgttgcga
00101 aatttataca cagaaattgt ttatacgcca atcgcaacac ctgacgggtc
00151 tgttatcaag aaatttaaag gaaacaatag tgggcaaccg tctacagtcg
00201 ttgacaacac acttatggtc atcatcgcat ttaattacgc aatgttgtca
00251 agtggcattc ctaaagacaa gattaatgac tgctgtagga tgtttgcaaa
00301 cggtgacgat ttgctcttag cagtgcatcc ggattatgaa tacatattgg
00351 acggatttca aaatcatttt ggaaaccttg gtcttaattt tgagttcaca
00401 tcgaggacaa aggataaatc agagctatgg ttcatgtcaa cacaaggaat
00451 taagtgtgaa ggtatctata taccaaaact cgaaagagag agaatagtcg
00501 cgatcctcga atgggaccga tcgaacttgc ctgagcatcg tcttgaagct
00551 atctgtgcag caatggttga agcatggggt tacccggact tggtgcaaga
00601 aatacggaaa ttttatgcat ggctgcttga aatgcaacca tttgcaaatt
00651 tagcaaaaga aggctcagca ccatatattg ccgagacagc tctgcgtaat
00701 ctctacctcg gctcaggaat taaggaagag gagatcgaga aatacttcaa
00751 acaattcatc aaagatcttc ctggatacat tgaggactat aatgaagatg
00801 tcttccatca atcaggaact gtagatgcag gagctcaagg agggaagaat
00851 aacacagaca acaacgccgg cagcggagga agaccagaaa cacaaggaat
00901 tgcaccacct gctgcaggtg gcgccgctgg tggcaacact ggaaaccaag
00951 caggttctgg tgatggccaa gctggttctg gtggcaacaa taaccaagca
01001 agatccggta cagcaggtgg ccaggctggc tctggtggca ccaataacca
01051 ggcaggcact ggtgagatag ggggccagaa agataaggat gtagacgctg
01101 gcacaacagg aataatatcc gtgccaaaac tcaaagccat gtcaaagaag
01151 atgcgtctac cgaaagcgaa aggaaaggat gtcttgcacc tagactttct
01201 tctaacatac aaaccacaac agcaagacat atcgaacaca agagcaacca
```

01251 aggaagagtt cgatagatgg tatgatgcca taaagaagga gtacgagatt
01301 gacgattcac aaatgacagt tgtcatgagt ggattgatgg tttggtgcat
01351 cgagaacggt tgctcaccga acattaatgg aaattggacg atgatggatg
01401 gagaagaaca gcgggttttt ccactcaaac cagtcattga gaatgcatct
01451 ccaactttcc gacaagtaat gcaccacttt agtgatgcag ctgaagcgta
01501 catagagtac aggaactcta cagagcgata catgccgaga tacggacttc
01551 agcgaaatct caccgactat agcttagcaa ggtatgcttt tgatttttat
01601 gaattaactt cacgcacacc agctagagct aaggaagccc acatgcagat
01651 gaaagccgca gcagttcgtg gctcaaacac acggctgttc ggtctggacg
01701 gaaatgtcgg cgagatccag gagaatacag agagacacac agctggcgat
01751 gttagtcgca atatgcactc tctgttggga gtgcagcagc accactagtc
01801 ttctggaaac cctgtttgca gtacctataa tatgtactaa tatatagtat
01851 gctggtgagg ctgtgcctcg tttactattt tattacgtat gtatttacag
01901 cgtgaaccag tctgcaggac acagggttgg acccagtgtc ttctggtgta
01951 gcgtgtacta gcgtcgagcc acgtgacgga cagcatttgg tgtggctttg
02001 ccattggtgc tgcgagtctc ttggtgagag a

CDS（编码序列）

<1..1798
/codon_start=2
/product="polyprotein(多聚蛋白)"
/protein_id="AAO53233.1"
/translation="QFDSSLTPYLINAVLHIRLQFMEDWELGAQMLRNLYTEIVYTPI
ATPDGSVIKKFKGNNSGQPSTVVDNTLMVIIAFNYAMLSSGIPKDKINDCCRMFANGD
DLLLAVHPDYEYILDGFQNHFGNLGLNFEFTSRTKDKSELWFMSTQGIKCEGIYIPKL
ERERIVAILEWDRSNLPEHRLEAICAAMVEAWGYPDLVQEIRKFYAWLLEMQPFANLA
KEGSAPYIAETALRNLYLGSGIKEEEIEKYFKQFIKDLPGYIEDYNEDVFHQSGTVDA
GAQGGKNNTDNNAGSGGRPETQGIAPPAAGGAAGGNTGNQAGSGDGQAGSGGNNNQAR
SGTAGGQAGSGGTNNQAGTGEIGGQKDKDVDAGTTGIISVPKLKAMSKKMRLPKAKGK
DVLHLDFLLTYKPQQQDISNTRATKEEFDRWYDAIKKEYEIDDSQMTVVMSGLMVWCI
ENGCSPNINGNWTMMDGEEQRVFPLKPVIENASPTFRQVMHHFSDAAEAYIEYRNSTE
RYMPRYGLQRNLTDYSLARYAFDFYELTSRTPARAKEAHMQMKAAAVRGSNTRLFGLD
GNVGEIQENTERHTAGDVSRNMHSLLGVQQHH"

mat_peptide

<1..811
/product="nuclear inclusion protein Nib(核内含体b)"

/note="replicase"

mat_peptide

<812..1795

/product="coat protein(外壳蛋白)"

■ Sugarcane mosaic virus isolate Ab, partial complete genome (GenBank: AY434733.1)

```
00001 ttgctcaccg aatattaatg gaaattggac gatgatggat ggagaagaac
00051 agcgggtttt tccactcaaa ccagtcattg agaatgcatc tccaactttc
00101 cgacaagtaa tgcaccactt tagtgatgca gctgaagcgt acatagagta
00151 cagaaactct acagagcgat acatgccgag atacggactt cagcgaaatc
00201 tcaccgacta tagcttagca aggtatgctt ttgattttta tgaattaact
00251 tcacgcacac cagctagagc taaggaagcc cacatgcaga tgaaagccgc
00301 agcagttcgt ggctcaaaca cacggctgtt cggtctggac ggaaatgtcg
00351 gcgagatcca ggagaataca gagagacaca cagctggcga cgttagtcgc
00401 gatatgcact ctctgttggg agtgcagcag caccactagt cttctggaaa
00451 ccctgtttgc agtacctata atatgtacta atatatagta tgctggtgag
00501 gctgtgcctc gtttactatt ttattacgta tgtatttaca gcgtgaacca
00551 gtctgcagga cacagggttg gacccagtgt cttctggtgt agcgtgtact
00601 agcgtcgagc cacgtgacgg acagcacttg gtgtggcttt gccattggtg
00651 ctgcgagtct cttggtgaga ga
```

CDS(编码序列)

<1..439

/note="coat protein"

/codon_start=2

/product="polyprotein(多聚蛋白)"

/protein_id="AAR91680.1"

/translation="CSPNINGNWTMMDGEEQRVFPLKPVIENASPTFRQVMHHFSDAA
EAYIEYRNSTERYMPRYGLQRNLTDYSLARYAFDFYELTSRTPARAKEAHMQMKAAAV
RGSNTRLFGLDGNVGEIQENTERHTAGDVSRDMHSLLGVQQHH"

致 谢

本书编写过程中得到了国家自然科学基金、海南省自然科学基金、教育部/海南省教育厅联合资助博士点基金、海南省教育厅项目基金、中央级公益性科研院所基本科研业务费和热带作物生物技术国家重点实验室开放基金等多个项目的资助，特此致谢！

项目资助

（1）国家科技支撑计划项目课题“热带农林重要有害生物检测监测预警技术研究”（项目编号：2007BAD48B01）

（2）国家自然科学基金青年项目“Rep/RepA 对香蕉束顶病毒复制的作用机制研究”（项目编号：31401709）

（3）国家自然科学基金项目“香蕉条斑病毒侵染性克隆及基因组结构与功能研究”（项目编号：30660100）

（4）国家自然科学基金项目“香蕉束顶病毒 DNA2 编码基因特征及其分子调控机制研究”（项目编号：31070131）

（5）海南省自然科学基金高层次人才项目“BBTV Clink 蛋白促进病毒 DNA 高效增殖的分子机制研究”（项目编号：322RC769）

（6）海南省自然科学基金项目“BBTV 编码蛋白间的互作鉴定及其细胞重定位研究”（项目编号：20153130）

（7）海南省自然科学基金项目“香蕉束顶病毒（BBTV）DNA4 组分的功能鉴定”（项目编号：80670）

（8）教育部/海南省教育厅联合资助博士点基金项目“利用酵

母单杂交系统鉴定香蕉束顶病毒 DNA 调控区特异结合蛋白”（项目编号：20050565002）

（9）海南省教育厅项目“香蕉条斑病毒分离鉴定及分子诊断研究”（项目编号：Hjkj200505）

（10）中央级公益性科研院所基本科研业务费专项“香蕉等健康种苗病毒检测试剂盒研制”（项目编号：ITBB110303）

（11）中央级公益性科研院所基本科研业务费专项“香蕉等热带植物病毒多态性研究与利用”（项目编号：ITBBZD0754）

（12）热带作物生物技术国家重点实验室开放基金课题“香蕉束顶病毒中基因沉默抑制子的鉴定”（项目编号：KL200505）